乡村绿化

XIANGCUN LÜHUA

黄利斌 何小弟 张辉 /编著

中国农业出版社

　　乡村绿化是新农村环境建设的重要内容。改善农村人居环境和村容村貌已成为我国农村当前的迫切要求。优美的乡村绿化环境有益于村民的身心健康，吸引人们进行更多的户外活动和交流，延续良好的村风民俗传统，建设自然生态环境良好、生活环境优美的人居环境便成为新时代的更高要求。

　　乡村绿化是维持乡村良好生态环境的重要因素。它不仅是乡村景观的重要内容，能有效改善村容村貌、保持水土、净化涵养水源、减少污染、创造健康优美的生活环境，而且是发展乡村经济的重要方式，能加快"一村一品"庭院经济和乡村旅游业的发展，促进农民增收。

　　乡村绿化的首要目标是保护生态。要参照地带性顶极群落的植被类型，维护生物多样性，保护村落内的古树名木、大树资源和一些自然形成的植被群落，以乡土树种为主进行绿化树种的选择、配置，恢复乡村的自然生态。

　　乡村绿化要有农村特色。尤其注意不要刻意模仿城市绿化模式，丢失乡村的自然景观特色。要努力做到既让农民在鸟语花香中享受到愉悦的景观魅力，又让农民在传统乡情中感受到浓郁的人文气息。

乡村绿化要结合农村的自然条件。最好将环境绿化与农林经济发展相结合，积极引导建设花卉苗木、经济林果基地，让绿化不但可以成为农民的"绿色银行"，还可以形成浓郁的地域文化特色，有效提升乡村的品质与魅力，吸引城市居民到乡村休闲度假，吸引外出打工农民回村创业，有效巩固大时代趋势中的新农村可持续发展。

乡村绿化的建设模式是摆在我们面前的又一道创新课题。各级地方政府在推进乡村绿化建设的过程中应科学规划、循序渐进，加强指导、妥善实施，完美体现创建人与自然和谐共处的绿色家园的乡村绿化建设宗旨。

目　录

乡村绿化

Xiangcun lühua

第/章
乡村的社会属性

1.1 乡村的由来发展

乡村是农民基本的生活社区，是历史上人类聚集环境的基本单元，有的可以追溯到数百年甚至上千年的历史。广义的乡村泛指人们集中聚集住在一起生活生产的现象，狭义的乡村形式是以一个姓氏为主的宗族聚居地。

乡村聚落通常是指固定的农业居民点，由各种建筑物、构筑物、道路、水源地、田园等物质要素组成。乡村聚落受经济、社会、历史、地理诸条件的制约，历史悠久的村落多呈团聚型（集村），开发较晚的村落往往呈散漫型（散村），形态有带状、多边形状等多种。

在原始公社制度下，以氏族为单位的乡村聚落是纯粹的农业村社，乡村的最大特点是以土地资源为生产对象，"靠天吃饭"是其真实写照。社会进入资本主义阶段以后，城市或城市型聚落广泛发展，乡村聚落逐渐失去优势而成为聚落体系中的低层级组成部分。

1.1.1　乡村的社会形式

自然村又叫村落、村屯、湾子，是指农民在长期的生产生活过程中自然形成的聚居群落或独立社区。自然村落的边界模糊，建筑零散，村内一般都是一个或几个家族、户族或氏族组成，是农民日常生活和交往的单位。例如：马来西亚伊班人的大型长屋，中国闽西地区的土楼，黄土高原的窑洞，中亚等干燥区的地下或半地下住所，内蒙古游牧地区的蒙古包等，都是比较特殊的乡村聚落外貌。

自然村落与城市居民社区相比，最大的区别是乡村聚落中家庭与家庭之间通过地缘和血缘关系相连接。费孝通先生在《江村经济》一书生动描述了聚居一处的自然村熟人社会的特征：相互熟悉、可靠的村民之间的关系，提供了自然村共同应对外部世界、也共同约束内部行为的基础。

行政村是一级社会管理机构，是中国行政区划体系中最基层的管理单位，通常设有村民委员会等权力管理机构。

1.1.2　乡村的规模发展

自然乡村的规模大小不一，南方地区通常在十多户到数十户之间，而北方地区有的规模可达数百户。可以预见，随着我国城镇化的快速发展，尤其是在一些经济发达地区，农民新村的建设将不断加快；但是在今后相当长的时间内，自然村落仍然是我国农村社会生活的基本单位。

近年来，随着城镇化的快速发展，城市不断向郊区拓展，城市与乡村之间的界限逐渐模糊，在农村征地拆迁、移民安置、乡村拆并过程中，涌现出了一大批集中兴建的农民新

村。这类乡村的特点是经过政府的统一规划，规模较大、设施齐全，在形式上与城市居民区较为相似，在社区人员组成上介于自然村落与城市社区之间。原有乡村拆迁、归并后，经过规划新建的集中居住小区，是我国城市化过程中发展起来的新型农民居住区，房屋经统一规划设计、建设规范，配套设施齐全，外观上与城市居民小区相类似。

1.2 乡村的类型特征

乡村所处的自然环境、社会状况、历史文化特点等存在很大差别，存在的类型也丰富多样。从江苏农村的实际情况分析，根据乡村所处的地形特征可分为山麓丘畔型、平原风光型和田园水乡型，根据乡村的社会特征可分为特色产业型、休闲旅游型和历史文化型。

1.2.1 地形特征分类

（1）山麓丘畔型。位于丘陵山区的乡村，依山傍丘。周围有自然山林，地形起伏，村内的建筑密度一般较小，四旁空地较多、绿化空间大。这类乡村绿化要与自然山体绿化相互协调，体现丘陵山区的自然风光特色。

（2）平原风光型。位于平原地区的乡村，乡村构筑相对较松散，周边空地较多，绿化空间较大。目前苏北平原地区的乡村绿化覆盖率已经很高，但绿化树种以杨树为主，树种十分单一。这类乡村绿化重点是调查树种结构，丰富绿化树种的多样性和景观性。

（3）田园水乡型。位于河、湖、塘等水系密布的平原水网地区，乡村沿河而建，村民临水而居，村内水网环绕。苏南、苏中平原地区的乡村大多属于此类型，乡村的建筑密度较大、绿化空间较小，绿化覆盖率大多偏低。这类乡村绿化建设推荐水网化与林网化相融合，充分体现江南水乡特色。

1.2.2　社会特征分类

（1）**特色产业型**。指以经济林果种植等林业产业为特色的乡村，充分利用乡村内的零星空地种植经济林木，土地利用率高，经济效益明显，如江苏省无锡市阳山的水蜜桃村、南京市汤泉的雪松村、泰州市泰兴的银杏村、南通市如皋的花木盆景村、常州市武进的绿化苗木村等。

（2）**休闲旅游型**。依托良好自然环境进行休闲旅游规划开发的乡村，可以与农林采摘园、园艺观赏园、农耕文化、农家乐等特色旅游项目有机结合起来。如江苏省泰州市兴化的"千岛油菜花"岗顾村、扬州市邗江的"生态采摘园"沙头村等。

（3）**历史文化型**。在千百年来发展过程中保留了重要的文化历史积淀或文化遗产价值的乡村，如具有古代或近现代重要的史迹和建筑景观、名人故居、古建筑、古遗址、古石刻、古庙宇等，也包括历史传说、口头传统、民俗活动和传统手工艺等非物质文化遗产的范畴。如江苏省苏州市吴中的明月湾村、无锡市江阴的红豆树村、淮安市盱眙的老子山镇等。

第2章
乡村绿化的发展动态

乡村具有社区邻里相熟的特点，有利于形成良好的邻里关系。优美的乡村绿化环境能增进身体健康和心情愉悦，吸引村民进行更多的户外活动和交流，延续良好的村风民俗传统。

2.1 国外的乡村绿化建设

欧美等西方发达国家最早从农业社会向工业社会转型，已基本完成城市化进程。这些国家农村人口稀少，如美国占7%、德国占2.2%、英国仅占1%，但对乡村的环境绿化、美化建设十分重视：在绿化模式上，主要依托农村和城郊开阔的自然风景绿地、大片疏林草地和围村林带等形成大环境绿化包围的乡村格局，融景观、休憩、防护、生物多样性保护于一体；乡村建筑物周围广植花木，注重乔灌草结合、多树种合理配置的庭院立体绿化，每一栋建筑被绿围红绕的花木所覆盖，每一个乡村都如一幅美丽的自然风景画。

2.1.1 欧洲的乡村绿化建设

在村镇建设过程中，欧洲国家的乡村景观规划实施大多是在政府的积极管控下，由相关职能部门和专家层层把关，在吸纳民众建议的基础上，经过有关部门的调查、论证、核准后才能付诸行动，环境景观得到合理规划与保护。环境建设和自然保护始终是必须优先考虑的重点，绝对不会为开发建设某个项目而破坏环境，从而使人们有机会欣赏到乡村优美的自然风光和悠久的特色文化。

英国是世界上工业化和城市化发展最早的国家，但在城市化初期忽视农业和农村的发展，出现了城市人口过密、环境污染严重和乡村衰退等问题。霍华德早在1898年提出了著名的"田园城市"规划理论，对后来的西方城乡规划影响极大。主要做法是在大城市周边规划分散的卫星城，将城市置于乡村田园之中，希望以此彻底改良大城市的拥挤和环境问题，创建舒适宜人的人居环境。在乡村环境建设方面，一是加强立法保障，重在保护农村自然景观，早在1949年就颁布了《国家农村场地和道路法》，后来又陆续制定了《水资源法》《森林法》《野生动植物和农村法》《环境保护法》《国家公园保护法》等一系列法律，加强对自然景观、森林、水资源和生态环境的保护。英国林业委员会与乡村委员会于1989年7月联合发起一项"社区森林建设计划"，目的是在英格兰和威尔士的主要城镇郊区营造12个社区林，为居民创造良好的生活、游憩环境。社区森林建设优先保证不断扩大的城区与农村景观相衔接，社区森林的规划有社区、地方政府、地方业界以及志愿团体等参与，森林的设计、营造、维护都在社会广泛参与下进行，地方政府在资金、专家建议和人员配备等方面提供服务。

第二次世界大战后的德国重建经济，为解决农村人口大量流入城市的问题，《土地整治法》不仅使农业生产效率大为提高，还明确了村镇的相关规划，推动乡村景观的建设和农村生态环境的改善。但随着城镇化的持续推进，乡村景观的特色逐渐丧失等已成为不可忽视的问题。为了挽救逐渐颓废的乡村地区，各州政府从1970年起开始制订和实施《自然与环境保护法》等一系列法律法规，村镇区域的景观规划编制逐渐展开，建设步伐加快，乡村面貌不断得到改善。20世纪末，德国对《环境保护法》《空间秩序法》等重要法规做出修改，确保城市与乡村在空间布局、功能分区等方面实现充分对接与合理互补。

法国乡村

瑞士乡村

德国乡村

意大利乡村

2.1.2 美国的乡村绿化建设

美国是当今世界上经济最发达的国家，也是城镇化率（85%）最高的国家之一。其城镇化发展经历了农村城市化到城市郊区化的发展过程。20世纪20年代城市人口超过农村人口，但随着工业化进程的加快和城市的快速发展，带来了交通拥挤、环境恶化、住房紧缺、犯罪率上升等日益严重的城市问题，城市逐步向郊区化发展，广大中产阶级和普通居民大量移居至郊区，城市空间不断向外低密度蔓延。郊区化给美国城市发展带来了深远的影响，城乡之间差别的逐步缩小和不断融合；但过度的郊区化也付出了沉重的代价，土地浪费严重，资源消耗量大，经济成本增加，生态环境破坏愈演愈烈。

20世纪90年代，克林顿政府提出了城市"精明增长"的理念，促进了郊区新村镇规划的从无序到有序转变。在村镇规划建设中十分重视小城镇和乡村居民点周围的保护和资源保存，注重农村河流、湖泊、小溪、沼泽、山坡和森林的保护，以自然山水为背景，在保护自然山体、湿地、林木的基础上，有目的地规划广场、公园等人工绿地，完善村镇的绿地生态系统和良好的景观格局。为了用最少的资源来满足不断增长的人口生存需要，1971年在田纳西州诞生了首个生态农村社区，融自然、科技、文化与人于一体，其目标是实现人与自然和谐发展。生态村建设的重要内容之一是保护和恢复自然环境，尽量维持原有的生态系统，减少对周边环境的影响；加强土壤管理以增加土壤有机质及腐殖质层，保护流域、地表水和地下水资源；建设生态化建筑，各种树木花草布满房屋周围；采用各种节能措施，尽可能使用太阳能、风能、水能、生物质能等可再生能源。

2.1.3 日本的乡村绿化建设

20世纪50年代后期至70年代中期是日本城市化进程快速发展时期，大量农村人口涌向大城市，乡村农业生产功能弱化，乡村和小城镇日益萎缩，传统村落社会出现萧条衰落景象。日本政府于20世纪70年代开始规划实施了"村镇综合建设示范工程"，突出乡村的地域特色，追求农村生活魅力，实现了农村经济社会的可持续发展。近年来日本各界又提出了新的认知：乡村地区是"田园空间博物馆""国民共有的财产"，这对于农村经济社会的和谐发展将带来新的变化。

由于日本国土面积狭小，乡村的零星土地都作为耕地加以利用，可供绿化的面积很少，在村镇示范工程规划中十分重视环境绿化建设：一是重视村镇公园建设，将公园建设列入基础设施建设的重点项目，与当地神社、寺庙等有机结合起来，力求体现地区特色。二是加强自然生态景观的保护，特别是农田周边林木的保护；河塘水体的改造也采用近自然的施工技术，在保持原有水利功能的同时，恢复营造当地生物本息环境，提高其环保和休闲功能。三是强调构造绿色的建筑环境空间，保留建筑物周边的树木，建筑南侧空地选种高大落叶树；在建筑墙面上也装置网格架，采用爬藤植物等进行垂直绿化。屋顶绿化是村镇绿化中广泛应用的一项技术，轻型土壤厚度平均在20厘米左右，以草坪和花灌木为主，不仅节约成本、易于养护，而且在扩大绿化面积、丰富景观和隔热保温等方面能收到良好的效果。

乡村绿化

Xiangcun luhua

2.1.4　韩国的乡村绿化建设

韩国于20世纪60年代在推进工业化和城市化发展过程中，出现农业落后、农民贫穷、城乡差异拉大等突出的社会矛盾。20世纪70年代，以"改革农业、改变农村、改造农民"为宗旨的"新村运动"经历了基础建设、扩散、充实提高、国民自发运动和自我发展等五个阶段，通过一系列项目开发和工程建设，彻底改变了农村环境面貌：住房漂亮，文化娱乐、医疗卫生、商店超市、休闲公园、农民会馆应有尽有。

韩国是一个多山地国家，林地占65.6%、耕地面积仅占21.4%，治山绿化运动是"新村运动"的重要一环，把造林绿化统筹于国民经济与社会发展战略和新农村建设中，坚持造林、育林与保护并重方针，兼顾生态、经济和社会三大效益：1962—1966年的荒山绿化五年计划，1973—1982年的第一个治山绿化十年计划，1979—1988年的第二个治山绿化十年计划，1974—1977年的整顿火田计划和1988—1997年的森林资源增长计划。治山绿化运动实现了城市与农村绿化、经济与生态、人与自然和谐发展的奇迹，造林面积达410万公顷、森林覆盖率达到76%，成为世界上成功进行植树造林的典范国家之一。期间，先后制定了《山林法》（1961）、《治山治水事业法》（1962）、《促进绿化临时措施法》（1963）、《关于整顿火田的法律》（1966）、《关于保护鸟兽及狩猎的法律》（1967）等系列法律法规。

2.2　中国的乡村绿化实践

传统的中国乡村绿化经过长期的自然淘汰和人为选择，具有很强的适生性，充分体现了绿化与乡村有机融合，展现了乡村的乡土风貌，营造了乡村文化特性；因总是与人的活动、人的视觉焦点结合在一起，村口、院内、道旁、水边，位置自然、生机盎然，展现了乡村绿化应有的特性：年代久远的古树名木是乡村的特殊载体，各地村落保存下来的风水树、风水林等是很好的见证，"房在绿中"的空间关系也是最基本的乡土风情之一。

乡村绿化是维持乡村良好生态环境的重要因素，不仅是乡村景观的重要内容，能有效改善村容村貌、保持水土、净化涵养水源、降解污染、创造健康优美的生活环境，而且是发展乡村经济的重要方式，能加快"一村一品"庭院经济和乡村旅游业的发展，促进农民增收。

2.2.1　新中国成立后乡村绿化的发展阶段

第一阶段是20世纪50～60年代。当时的森林覆盖率仅6%，农村生产水平落后，物资严重短缺，乡村绿化的主要目的是获取物质产品。1956年，毛泽东同志向全国人民发出了"绿化祖国"的号召，1958年又提出了"要消灭荒地荒山，在村旁、路旁、水旁、宅旁即在一切可能的地方均要实行绿化"的林业建设思想，在全国掀起了造林绿化的热潮。四旁绿化建设也得到了快速发展，尤其是在缺林少林的平原地区，为改善农村生态环境，满足农村的建房、农具、薪柴等需求发挥了重要作用。

第二阶段是20世纪70～90年代。改革开放后农村生产力逐步释放、农村经济日趋活跃，乡村绿化向特色化、专业化、经济型等多功能方向发展，各种庭院经济、特色林果产业、花卉苗木基地等应运而生，成为农民重要的致富途径之一。此外，在江苏、浙江等乡镇企业发达的农村，已把乡村绿化作为重要的公共事业加大投入，涌现出浙江宁波市滕头村、江苏张家港市前溪巷村等全国绿化"千佳村"典型。

第三阶段是进入21世纪以后。随着社会经济持续快速发展，农村环境脏乱差问题严重，农民赖以生存的乡村坑塘、河流水体污染严重，水环境质量明显下降；污染严重的工厂从城市转移至农村，废气、废物排放加剧了农村的环境污染，导致生态破坏、乡村田园风光缺失，严重影响农村居民的生产生活和身心健康，制约了农村经济社会的可持续发展，广大农村地区对生活环境质量提出了更高的要求，乡村绿化建设得到快速推进。

2.2.2　当前新农村绿化建设的主要出路

乡村绿化是一项民生工程、民心工程、民利工程，是一件好事；乡村绿化工作涉及家家户户、方方面面，所需资金千千万万，也是一件难事。2005年10月，党的十六届五中全会提出了建设社会主义新农村的重大历史任务，把"新农村"建设作为系统解决"三农"问题的综合性措施，总体要求达到"新房舍、新设施、新环境、新农民、新风尚"。

乡村绿化任务多，路、河、庄台是重点；景观、生态和经济，三大功能要兼顾。乡土树种要优先，增加绿量放首位；花果竹菜皆入景，好看好吃又赚钱。绿化模式莫搬城，种管费用要降低；各村切忌一个样，特色才是常青树。

（1）**政府主导，广泛发动。**在新农村建设中，各级政府部门应加大资金投入，设立乡村绿化建设的专项经费，加大对乡村绿化的财政资金扶持力度，有力地推动乡村绿化的建设发展。各级政府和林业部门将乡村绿化纳入地方林业建设的重要内容，根据各地实际明确乡村绿化的目标责任，制定乡村绿化的导则与标准，提出乡村绿化达标考核的具体指标。通过绿化示范村、绿化达标村等考核评比活动，促进乡村绿化水平的整体提高。

（2）**乡村绿化与农村环境综合整治相结合。**乡村绿化是新农村环境建设的重要内容，将其纳入乡村环境整治的总体规划之中，与道路改造、水系清淤、污染治理、垃圾处理、村容村貌的整治等进行同步规划、同步实施，全力推进沿村道路林网、水系林网和农田林网建设，使乡村环境面貌得到显著改善。提倡搞围村林、护村林种植，在农家院子、家前屋后种树；入村道路绿化、单位绿化、公共休闲场所绿化有较大潜力，可结合种植经济林、苗圃增加绿化面积。

（3）**引入市场导向，调动农民的积极性。**乡村绿化重要的是必须有可持续性。也就是说，除了有生态效益，还要有经济效益。政府投入无疑是乡村绿化的主要资金来源，有条件的地区也可以采取鼓励农民参与的市场机制办法；例如拿出乡村绿化经费中的一部分，买一些将来能够产生经济效益的树种给农民；对家前屋后、住宅四周、公共绿地、闲置土地应根据当地风俗习惯、人文特色，充分考虑老百姓的意愿、树木的功能定位等问题，因地制宜种植一些观赏树种或经济林果，充分调动农民参与的积极性。

（4）**去城市化**。乡村绿化要有农村特色，尤其不要模仿城市绿化模式。片面追求视觉享受不仅增加了建设和维护成本，而且丢失了乡村的自然景观特色。提倡原生态景观，原有绿化植被尽可能保留，不要为了追求好看乱砍树；少搞、不搞人造硬质化景观，避免盲目赶时髦、追洋盘。如河道整治时把两边的植被全部砍光、甚至砌上石驳岸，多花了钱却达不到预期效果，而把这些钱省下来就能栽很多树。

（5）**存个性化**。保护乡土景观的自然与文化元素，避免出现"千村一面"现象，是新农村绿化建设亟待解决的问题。各地乡村之间要因地制宜，根据地形地貌、风土民俗、文化历史、产业结构的不同，打造不同的风格特色：山区乡村、平原乡村、水乡乡村不能搞成一个模式，原有自然乡村与新建居民小区要有所不同，城郊乡村与农村偏远乡村要各具特色。乡村绿化树种选择上要求易成活、好养护的乡土树种，还可与发展庭院经济相结合，多栽种既有很好的景观效果又有较高经济效益的桃、李、梅、杏、柿、枇杷、葡萄、枣等经济林果，以及扁豆、丝瓜等攀缘瓜果蔬菜。

旧貌

新颜

2.3 江苏的乡村绿化现状

绿色是绿色江苏的底色，是生态江苏的基调，是美丽江苏的核心元素，是江苏林业发展的窗口。近年来，苏北地区的意杨产业就遵循了市场法则，农民家前屋后小小的空隙地都栽上了意杨，成了"摇钱树"。苏中和苏南多数地区不适宜栽种意杨，但完全可以推广种植别的能够产生经济效益的树种。江苏省林业部门经过多年调查，已经整理出大批适合江苏农村种植的乡土树种，如榆、槐、楝、榉、朴、银杏、合欢、桑和椴等；榆、槐、楝等材质非常好，过去一直是农村家庭打家具的主要材料，现在这类木材的市场价格也很好。银杏不但材质好，而且叶片、果实均有药用价值，能产生双重经济效益；薄壳山核桃尽管是国外引进树种，但已经完全本土化了，江苏省范围内都可以种植，虽然生长时间较长，可是经济效益却很可观。

2.3.1 乡村绿化建设中存在的问题

目前江苏省绿化造林形势良好，但乡村绿化仍是造林绿化的薄弱环节，部分地区重视不够、措施不力、行动较慢、质量不高，需花大力气抓紧抓好，补上多年来的"历史欠账"。

（1）**工作推进不平衡性较大。**表现在市与市、县与县、镇与镇以及村与村之间的各个层面，少数地方认识不到位、工作不积极、投入不足，没有充分调动各方参与的积极性等。

（2）**乡村绿化薄弱环节依然较为突出**。受经济发展水平、气候条件、群众习惯等因素的影响，苏南地区缺少高大绿化乔木、绿量不够，苏中地区乡村周围林网建设标准偏低等现象仍没有得到根本改观，苏北部分地区乡村绿化树种过于单一等。

（3）**一些地区未落实乡村绿化的长效管护机制**。农村绿化与城市绿化的管理模式不一样，城市的绿化设施有专人管理、修剪，而江苏省乡村绿化的力度很大，但缺乏长效的管护机制，养护管理不到位，致使前期绿化资金投入较大，后期绿化效果却不佳。

2.3.2 江苏省乡村绿化工作的要求

乡村绿化是一件大事，在绿色江苏、生态江苏及美丽江苏建设中发挥着不可替代的作用，要把乡村绿化作为植树造林工作的一个重点，并作为新农村建设和绿色江苏建设的一个重要组成部分。

①做好一个品牌："绿美乡村"建设。

②做到两个优先：优先抓好重要通道两侧乡村绿化，优先抓好规划保留乡村绿化。

③突出三个重点：苏南地区重点增加总体绿量，苏中地区重点加强林网建设，苏北地区重点实现冬季增绿。

④坚持四项原则：绿化、美化、文化"三化"结合，绿地、林地、湿地"三地"同建，经济、生态、景观效益"三效"兼顾，自然美、林草美、田园美"三美"叠加。

⑤抓好五项工作：规划，示范，质量，宣传，验收。

⑥注意六个方面的具体事宜：树种选择，苗木规格，绿化时节，培育特色，保护古树名木，与农村环境综合整治相关部门的联动合作。

第3章
乡村绿化的理论指导

3.1　乡村绿化的生态学原理

德国生物学家恩斯特·海克尔于1866年首先提出生态学的概念，是研究生物体与其周围环境（包括非生物环境和生物环境）相互关系的科学。随着人类活动范围的扩大和工业化的发展，人类面临的人口、资源、环境等问题越来越突出，近代生态学研究的范围除生物个体、种群和生物群落外，已扩大到包括人类社会在内的多种生态复合系统。

相对于城市而言，农村生态系统受人为干扰度较小，乡村绿化的首要目标是保护生态，遵循生态学原理，要参照地带性顶极群落的植被类型，进行绿化树种的选择、配置，以乡土树种为主，恢复乡村的自然生态，保护村落内的古树名木、大树资源和一些自然形成的植被群落，维护生物多样性。在水塘、河岸的治理中，也要尽量采用生态亲水型的模式，增加湿生植物种植，保护水生态环境，实现人与自然的和谐共处。

3.2　乡村绿化的景观学原理

景观生态学是研究在较大的空间和时间尺度上生态系统的空间格局和生态过程，斑块—廊道—基质模型是研究景观结构异质性的基本模式。绿化景观包含两个层次的概念：一是景观生态学中的景观，"一个地理区域的总体特征"即生物地理群落综合体或生态系统的聚合，由德国地理学家C.特洛尔在1939年提出。另一是指人们的视觉审美，在不同的视觉轴线上对森林或树木的色彩、形态、质地、结构和功能等景观元素形成"感觉"和"感悟"的形象思维。乡村绿化规划既要对宏观区域范围内的各种景观要素进行合理规划布局，同时又要按照生态绿化的原理，对林木的姿态美感、季相变化、层次结构进行合理规划。

乡村景观是自然生态景观、农业生产景观和聚落生活景观的综合体。构成农村风貌基底的自然生态景观包括气候、地形、山脉、水系、植被等自然因素，对乡村的宏观外貌起决定性作用而且体现乡村独特的景观肌理。农业生产景观包括农田、菜园、果、茶、桑、渔等农业生产对象和生产过程。聚落景观包括村民日常生活的聚落形态、建筑样式、院落特征，空间分布形式，村民在长期生产生活过程中逐渐形成的行为方式和习俗文化等。村头的古柳，开满野花的庭院，农家门前硕果累累的柿子，都是体现田园风光和乡村地方特色的绿化景观。

3.3 乡村绿化的经济学原理

　　乡村绿化与农村经济有机结合，积极发展经济林果基地、花卉苗木基地、速生用材林基地、林下种养经济、农家乐生态旅游等林业经济模式，在改善和美化乡村环境的同时可获得显著的经济效益，甚至形成具有特色的林业产业，促进乡村绿化建设的可持续发展。

　　绿化苗木销量的不断攀升，一批批新的的苗木生产基地浮出水面，一些小型的苗木企业也在集聚，并有进一步扩大的趋势。作为"快速发展"模式的典型，浙江萧山摆脱了传统苗木生产方式的桎梏，其创新发展程度已与国外水平相近，田间管理和土地利用率也都独具特色；红叶小檗、金叶女贞和红花檵木等产品的创新和推广，在全国都喊响了萧山品牌。而浙江宁波的绿色生态产业已成为当地支柱产业之一：有"全球生态500佳"之称的滕头村，自20世纪90年代开始就瞄准国内市场调整苗木品种，完成了从传统树种向新优树种的转换，选择木兰科、樟科、杜英科等新、优、特以及市场潜力大的优良品种，逐步形成了专业化、规模化、优质化的产品结构，除自身拥有1 666.7公顷苗木基地储量外，并在宁波市郊及奉化、鄞县、镇海、宁海等邻近县市建有大型苗木基地，在苗圃面积、经营管理和品种培育等方面均居同行业前列。

3.4 乡村绿化的民俗文化传承

　　在长期的历史发展进程中，人们形成了对树木崇拜等某些民俗信仰和精神寄托；民俗是对自然的崇拜，民俗植物学是研究人与植物、文化多样性相结合的科学。人类生存一时一刻也不能脱离周围的环境：地理环境在地表分布具有不平衡性，客观上存在着相对而言较舒适并给人们生活带来方便、祥和、幸福的环境，也有相对而言比较危险而给人们生活带来不便和困苦的环境。人类的生存本能会选择、建设、创造自己周围美好的环境，选择和建造美丽、祥和的生活环境空间，置身其中的生活、生产均有方便、舒适、安全之感；美丽而富于特色的环境景观，还会使人们的心灵受到感染与鼓舞，充满乐观积极的情绪与崇高向上的理想，以此为精神向导来促进事业的成功并带来光明的前途。

在乡村绿化生态环境建设中，要尊重长期形成的村风民俗传统，并加以科学合理的发掘应用。一些树木具有吉祥之寓意：如"前种榉树后种朴"，寓意家里能中举人步步高升，后有仆人跟随；门前种石榴，"千房同膜，千子如一"，寓意将来多子多孙；门前种榆树，树上结"榆钱"寓意有"余钱"，用榆木做梁寓意有"余粮"。种植桂花寓意桂香吉祥，种植枣树寓意早得贵子，栽种梧桐树寓意引来金凤凰。柏树被尊为百木之长，传说能驱妖孽，坟墓旁多种植柏树；每到逢年过节祭拜祖先、神灵时，也会插上这些树的小枝条，以示祛除阴气。但也有一些树种被认为有邪秽之气，不宜在家前屋后种植。农村庭院种树有三戒：前不栽桑，后不插柳，院前不种"鬼拍手"（杨树）。

3.4.1　风水观

风水是人们在长期适应自然生态环境过程中形成的一种思想意识，其目的是追求良性的生存环境。风水进化到后来，其内涵获得了巨大的扩充，成为人们在立村选址、兴土动工、应对地理环境的一种特殊选择方式与认识系统：一个乡村或一户人家如果周围林木生长茂密，根据不同地理环境所进行的树种配置和造景合理，就能"藏风、得水、乘生气"，认为对"平安、长寿、多子、人丁兴旺"等大吉大利。几千年的历史演变，使原本朴素的风水学说掺杂进许多伪科学的、落后的思想和行为；但时至今日，中国的风水学说一经采用现代科学理论和技术手段进行研究并在实践中加以运用后，又开始被国际生态学研究者肯定。英国的李约瑟博士对风水术给予客观公正的评价："风水在很多方面都给中国人带来了好处。比如，它要求植竹种树防风，以及强调住所附近流水的价值。"

乡村是人类文化的重要发源地。我国几千年的农耕文化中包含了植树绿化的大量风俗、文化等人文信息，是一笔宝贵的文化遗产，是乡村生态文化的重要内容。东晋诗人、辞赋家、散文家陶渊明又是一位创新的先锋，成功地将"自然"提升为一种至美的境地，将老庄所表达的玄理演绎为日常生活中的哲理，使诗歌与日常生活相结合并开创了田园诗的新题材。《桃花源记》描述的就是一种完全符合中国风水学理论的乡村生态环境："晋太元中，武陵人捕鱼为业。缘溪行，忘路之远近。忽逢桃花林，夹岸数百步，中无杂树，芳草鲜美，落英缤纷，渔人甚异之。复前行，欲穷其林。林尽水源，便得一山，山有小口，仿佛若有光。便舍船，从口入。初极狭，才通人。复行数十步，豁然开朗。土地平旷，屋舍俨然，有良田美池桑竹之属。阡陌交通，鸡犬相闻。其中往来种作，男女衣着，悉如外人。黄发垂髫，并怡然自乐。"

3.4.2　风水林

风水理念认为，风水宝地不仅形局佳、气场好，而且山清水秀、环境宜人、林木葳蕤。

乡村绿化

Xiangcun lühua

风水讲究坡向，告诉你向阳的地方能够长什么植物、背阴的地方适宜长什么树木，为建筑的朝向确定以及周边的树木种植提供依据。古人受风水支配的思想虽然多少会有些迷信的色彩，但在人们心中竖立长期的爱林护绿意识，对维护乡村生态安全，改善乡村人居环境，促进人与自然和谐发展具有重要意义。

风水林主要指人工培植或天然更新并长期严加保护的林地，有村落宅基风水林、坟园墓地风水林、寺院风水林等基本类型。

（1）村落宅基风水林。指在村落宅基周围的林木，一般认为有以下四类。

①水口林：种植或生长于村落的水口处，具有护托村落生气的风水意义。水口是村落的总出入口，也是一村一族居民盛衰荣辱的象征。水口常常是三向环山、一向出口，只有在水口处存在大片村落"风水林"，才能保护一村生民之命脉，抵挡煞气（东北风和北风）的侵入，故又称"抵煞林"，在村口（即水口）往往建有牌坊、亭台、楼阁、桥梁、寺庙、佛塔和书院等建筑，与水口林共同构成水口绿化景观。在南方，有的乡村附近保留着一小块青葱林木，多是松、柏、樟、楠等常绿树，这就是风水树，也叫水口树。别看只是一小块青葱林木，它可关系着全村的风水命脉，当地人也都不敢去动那里的一草一木，作为观光者可千万别去碰它们。

②龙座林：坐落在山脚、山腰的村落或村落后山的树林。

③垫脚林：种植、生长于村落前面河边、湖畔的树林。

④宅基林：种植在宅基周围和庭院里的林木，以护卫居宅和美化庭院环境。

（2）坟园墓地风水林。原始人类中意的生态环境和中国文化主要定型时期的环境结构是理想风水模式的原型，它存在于中国人的内心深处和文化内核，决定了中国人的环境吉凶意识。古人十分重视墓地树种的保护，认为墓地周围草木葳蕤是好的征兆，预示后代人丁兴旺。有的家族墓地保留年代久远，形成大片的古树群，如：南宋朱熹于淳熙年间在江西婺源文公山祖墓所植的古杉木群，山东曲阜的"孔林"等。

就山地而言，山脉为龙，《葬书》曰："宛委自复，回环重复。若踞而侯也，若揽而有也。欲进而却，欲止而深。来积止聚，冲阳和阴。土高水深，郁草茂林。贵若千乘，富如万金。"即山势连绵起伏、蜿蜒回环、土厚水丰、植被茂密者为有生气之龙，而以童山（无植被之山）、断山、石山、过山（山脉僵直）和独山为没有生气的山。水与山不可分离，两山之间必有一水；山势宛委自复，水也自然源远流长。既有山环水抱、形止气蓄的真龙，其中便有真穴，并强调了一个"左青龙，右白虎，前朱雀，后玄武""玄武垂头，朱雀翔舞，青龙蜿蜒，白虎驯卧"的穴前清流屈曲、两侧护沙环抱的理想风水意象模式。金木水火土，五行配五色；如果用来判断地形，五行可以配五种状态。比如说火，火配的是南方，南方属火，火是赤色；朱雀属火，朱是红色，就是阳面。比如说土，土配的是北方，北方属土，土色是黑；玄武属土，玄是黑色，就是阴面。左青龙，青龙属木，东边、春天都是青翠的。右白虎，白虎属金，西边、秋天都是金色。

第4章
乡村绿化的社会功能

4.1　乡村绿化的建设范畴

乡村绿化主要指农村人居环境的绿化，是对农村居住环境进行的美化活动，即包括农村建设用地范围内的绿化和农村建设用地之外的对生态、景观、文化和居民休闲生活具有积极作用的环境绿化建设，是现代新农村环境整治和生态文明建设不可或缺的重要组成部分。狭义的乡村绿化，主要包括农村道路绿化、水岸绿化、庭院绿化、公共休闲空间（农民公园）绿化和村内环境绿化等，是绿化与造园的融合；而广义的乡村绿化，除乡村聚居点环境绿化外，也包括乡村外部如荒山、荒地、荒滩的绿化，农田防护林建设以及用材林、经济林、苗圃等林业生产建设。

乡村绿化与传统林业建设中的四旁绿化、乡村林业、庭院经济、农家乐等有许多共同之处或有重叠交叉关系，但也存在明显区别。首先在建设目的上，乡村绿化的主要目标是改善农村人居生态环境，强调以生态效益为主，兼顾经济和社会效益，营造"村在林中、路在绿中、房在园中、人在景中"的优良人居环境；而四旁绿化、乡村林业、庭院经济、农家乐等发展目标是以增加经济收益为主，兼顾生态和社会效益。其次在组织方式上，乡村绿化是以政府主导，充分尊重农民意愿，引导农民积极参与建设；而乡村林业、庭院经济和农家乐等是政府适当引导，以农民自主建设或互助建设为主。第三，在建设尺度与范围方面，乡村绿化是以农村聚居点和村域内生态敏感区为建设重点，促进村域内生态环境的优化；乡村林业是以村域范围内的林地、农林复合经营系统为建设范围，而庭院经济和农家乐等是以村民居住区为主要的建设范围。

4.2　乡村绿化的功能作用

乡村绿化是新农村生态环境建设的重要内容，也是构建我国城乡一体的森林生态网络体系的重要组成部分。随着经济发展、收入增加和物质生活水平的提高，人居栖息对良好生态环境的需求越来越迫切，生态状况已成为衡量生活质量的重要指标。当人们从喧闹的劳动场所、紧张的工作岗位来到幽静、自然、安逸、休闲的林下绿地，呼吸着清新的空气，领略着怡人的景色，就会感到精神上的放松和精力上的恢复。

乡村绿化的主要作用是促进农村生态建设和生态环境保护，让农民群众有更好的生产和生活环境，创建人与自然和谐共处的新农村绿色家园。清《宅谱尔言·向阳宅树木》认为，乡居宅基以树木为毛衣，盖广陌局散，非林障不足以护生机；溪谷风重，非林障不足以御寒气。故乡野居址，树木兴则宅必旺，树木败则宅必消乏。可见，林木葳蕤是古人在为村宅选址时优先考虑的因素。人们在清新、优美的自然环境中交流情感，修身养性，有利于身心健康。据测定，人处于绿色环境中的脉搏次数可比在城市闹境中每分钟减少4～8次。

4.2.1　绿化树木的生态功能

绿化树木的生长与配置，具备固碳释氧、降温增湿、滞尘减噪、滤毒灭菌、防风固沙、保持水土、避震减灾等主要生态功能。

（1）固碳释氧，平衡大气。大气中氧的正常含量为21%，二氧化碳的正常含量为0.03%；但由于现代社会中各种生产和生活燃料的使用都要消耗大量氧气、排出大量二氧化碳，目前世界上许多地区的氧气含量不足20%、二氧化碳含量高达0.05%～0.07%，已对人体健康构成威胁。此外，因大气二氧化碳含量增加而导致的地球"温室效应"，正给人类生存环境带来日趋严重的灾难。

林地是生物圈中大气成分平衡的主要调节者。1公顷的阔叶林，在生长季每天可吸收1 000千克二氧化碳、放出750千克氧气。如以成人每日呼吸需要吸进0.75千克氧气、呼出0.9千克二氧化碳计算，需人均10 ～ 15米^{2}的林木面积平衡；如果加上社会运营过程中各种燃料对氧气的消耗和二氧化碳的排放，实际每人需要30 ～ 40米^{2}林地才能满足呼吸平衡。绿色植物的主要光合作用器官为叶片，因此枝繁叶茂的树木对大气中氧气和二氧化碳的平衡调节作用较为明显，特别是常绿阔叶树种的配植尤显重要。

（2）**降温增湿，改善环境**。树木在生长过程中，要蒸腾掉99.8%从根部吸收的水分，只留下0.2%进行光合作用。特别在夏季，树木庞大的根系不断从土壤中吸收水分，然后由枝叶蒸腾到空气中去。绿化树木蒸腾水分的特殊功能，对环境温度、湿度等都有良好的调节和改善作用。茂密的树冠可以减少阳光的直射，并消耗热量用以蒸腾根系吸收的水分。树体要制造1克碳水化合物，就得吸收16.8千焦太阳热能和相当于2 500升大气中所含的二氧化碳。由于林冠对太阳辐射能的阻挡，日间林外热空气不易传导到林内，夜间林冠又起到保温作用，所以林内的昼夜温差小，形成夜暖昼凉的环境特点。

林地能改善邻近地段的小气候，如减少温差，增加空气湿度，降低风速，减少平流寒害、干热风危害。由于林内比重大的冷空气下沉至地表，导致林地与周边环境的温差加大，从而促进了空气的流通，降温效果显著。尤其在夏季，林地内的气温较非林地低3 ～ 5℃。又因为生长期间的林内气温和土温较低，风速很小，地表蒸发一般只相当于无林地的2/5 ～ 4/5；同时林地内有死亡的地被物覆盖，土壤疏松，非毛管性孔隙较多，故而林地内的空气湿度较无林区高25% ～ 30%，以此构成了凉爽、舒适的小气候环境。

（3）**滞尘减噪，洁净空气**。空气中的烟尘和工厂排放的粉尘是污染环境的有害物质。这些微尘颗粒重量虽小，但在大气中的总量却很惊人。微尘达到一定的厚度和分布高度后就会形成雾障，使大气能见度降低，地面接受的太阳辐射强度减弱，日照持续时间也相应减少。因雾障分布较低，特别是冬季以煤为主要能源材料的地区天空呈灰黑色；逆温层的形成又不利于有害气体的扩散，更易导致气象条件的反常（如阴雨天增多、冬季变暖等）。绿化树种可以有效吸滞，过滤空气中的微尘：一方面，由于茂密的树冠具有强大的减低风速作用，促使气流中携带的大粒微尘降落地面；另一方面，由于树木叶片表面不平、多茸毛或分泌黏性油脂，能吸附空气中大量的飘尘。树木叶面积的总和为树体占地面积的数十倍，因此树木吸滞烟尘的能力是很大的。

噪声是一种物理污染，是现代社会发展的一种公害，不仅令人烦躁不安、易感疲劳，而且会导致听力减弱、神经衰弱等不良症状，严重影响身心健康。据测算，噪声超过70分贝时，人体健康受到损害；其中，道路交通噪声等效声级分布在67.3 ～ 77.8分贝，对环境质量冲击最强。枝叶茂密的林木树冠对噪声有很强的吸收和消减作用，一般40米宽的林带可以减低噪声10 ～ 15分贝。树木对噪声的吸收和阻隔功能，还在于树体对声波的散射作用，枝叶摆动可使声波减弱而逐渐消失，树叶表面的气孔和粗糙的茸毛也具有吸收声波的功能。实践研究还证明，分枝低、树冠矮的乔、灌木近距防噪能力强，建植疏散的树群或多重间隔的狭窄林带防噪效果好。

（4）**滤毒灭菌，强体健身**。在可能造成有害气体污染的地区，有针对性地选择抗性强的树种栽植，可以起到"有害气体净化场"的良好效果。绿化树木的叶片就是一个滤毒器：叶面上的气孔在光合作用中敞开着，空气中的有毒物质随着空气进入叶组织，储存到植物体内。很多绿化树种可以吸收有害气体：1公顷柳杉林每年可吸收720千克二氧化硫，臭椿叶片含硫量可达正常值的29.8倍，夹竹桃可达8倍，其他如桧柏、龙柏、罗汉松以及广玉兰、银杏、桑树、臭椿、苦楝、喜树、构树、合欢、垂柳、丁香、夹竹桃、女贞、大叶黄杨、珊瑚树、石榴、胡颓子、紫穗槐等也有较强的抗二氧化硫特性；悬铃木、刺槐、泡桐、梧桐、丁香、樱桃、柑橘、白蜡、女贞、黄杨、油茶等吸氟的能力比较强；杨树、合欢、冬青、女贞、麻栎、夹竹桃、木槿、紫荆、紫藤、棕榈等对氯气、氯化氢有很强的抗性；紫薇可以吸收低浓度的汞，有些树木还能吸收铅等重金属离子。

环境空气中通常存在杆菌37种、球菌26种、丝状菌20种、芽生菌7种。据某市调查：每立方米空气中的细菌含量，林区相当于居住小区的3.35%、林缘为14.11%。绿化树种的建植可以减少空气中的细菌数量：一方面由于植树减少了空气中的微尘，从而减少细菌的携带量；另一方面树体能分泌大量的杀菌素，绿化树木在光合作用中释放出的负离子对环境也有很强的杀菌保健作用。1公顷的刺柏林每天能分泌出30千克杀菌素，可以杀灭白喉、肺结核、伤寒、痢疾等病原菌；地榆根的水浸液能在1分钟内杀死伤寒、副伤寒病原菌和痢疾杆菌；还有某些树种释放的丁香酚、天竺葵油、肉桂油等挥发性油类也具有杀菌作用。

（5）防风固沙，保持水土。林地是土壤的绿色保护伞。树木茂密的枝叶树冠可以截留10%～20%的雨水，减弱雨水对土壤的溅击；林下的草本植物和枯枝落叶层如同松软的海绵覆盖在土壤表面，可以提高地表的汲水性和透水性能，拦阻地表径流。纵横交错的庞大根系对土壤有很强的黏附作用，林地既能防止水土流失、涵养水源，树木通过蒸腾作用散发到大气中的大量水分又使林区空气湿润、降水增加，对于消洪补枯、减轻旱涝灾害有着非常重要的调节作用；特别是对公路两侧或河塘周岸陡坡要加强水土保持功能，须根发达的灌木和地被树种是见缝插绿的良好建植材料。

风蚀也是土壤流失的一种灾害。风力可以吹失表土中的肥分和细粒，使土壤移动、转移；在沙尘暴危害严重的地区，更是风起沙飞、阴霾漫天。防护林带可以防止和减轻风灾的危害，如果将林带联成网络并与宅旁植树、成片造林结合起来，形成防护林体系，效果将更为显著。防护林树种的选择要求：根系稳固、枝干坚韧，抗风性能强；树形高大、枝叶繁茂，防风效果好；树体寿命长、病虫危害少，耐瘠易管理，如意杨、加杨、落羽杉、池杉、水杉、湿地松、黑松、马尾松等。

（6）减灾避震，造福社会。许多绿化树种还有防火功能，起阻挡火势蔓延的作用。这类树种通常树体含树脂少、枝叶含水量多，着火时不易产生火焰；或树体萌芽重生力和根部的萌蘖能力强，遭火焚烧后能迅速复苏。防火能力较强的树种，常绿类有珊瑚树、女贞、山茶、油茶、蚊母、八角金盘、夹竹桃、海桐、大叶黄杨、枸骨、罗汉松等，落叶类有银杏、臭椿、麻栎、刺槐、白杨、柳树、泡桐、悬铃木、枫香等。其中尤以珊瑚树的防火功效最为显著，即使叶片全部烧焦也不会发生火焰，被誉为"防火树"；银杏的防火能力也很突出，即使叶片全部烧尽仍能萌芽再生，即使树干烧毁大半也能继续存活。

现代乡村建设中，绿化建植比较茂密的林地、公园等也是避震防灾的极好场所。地震不易引起树木倒伏，树下是避震的安全场所。震后并可充分利用树木搭棚，解决临时户外生活的燃眉之急。

4.2.2 乡村绿化的经济价值

经济价值是乡村绿化最基本的功能。在过去小农经济社会和农村商品短缺时期，在房前屋后种植绿化树种，可以满足家庭的建房、婚丧嫁娶等木材需求，庭院种植经济林果也是满足家庭消费和补贴收入的重要来源。如江苏泰兴地区农民有房前屋后种植银杏的传统，一度是农民家庭经济重要收入来源；盐城有一农户于20世纪80年代在房前屋后种植薄壳山核桃6株，现在每年收入可达2万～3万元。农村环境的土壤、气候等自然条件较优越，庭院和房前屋后可供造林绿化的空间较大，发掘乡村绿化的经济效益，促进农民增收致富具有很大的潜力。除直接经济效益外，通过乡村绿化建设和生态环境改善，可以在改善投资环境、促进农业休闲旅游等服务业的发展、提高房地产升值空间等方面产生显著的间接经济效益。

4.2.3　绿化景观与文化功能

乡村的自然景观包括地形、山脉、水系、植被、农田和建筑等元素，绿色空间是农村村落景观风貌的重要基础，体现出乡村独特的景观特征，能够满足人们追求回归自然、返璞归真的情感需求。绿化树种在一年中随气候条件而产生的季相变化，又可给人以生机勃勃、继往开来的提示，鼓舞和激励人们奋发向上、努力进取的意念。绿化树木姹紫嫣红、争奇斗娇，最能让人联想到大自然的勃勃生机；叶有春柳、夏桐、秋枫、冬柏，花有春桃、夏薇、秋槿、冬梅，果有春樱、夏杷、秋柿、冬枣。绿化景观利用绿化树种所独有的生态韵律，呈现植物个体与群落在不同季节的外形与色彩变化，营造出绚丽多姿的四时视觉效果，在自然景观序列中占据极重要的主体地位：春来，花开满树、灿若云霞，做报时的使者；秋至，果挂满枝、形若珠玑，显丰收的喜悦；盛夏，绿荫如盖，营造一片凉爽；严冬，枝干挺拔，勾勒一方天空。

绿化树种建植时的艺术性配置，可产生丰富的视觉色彩感染力和美妙的空间思维想象力，陶冶人们的思想和情操；绿化树木的种类繁多，性状各异：竹的清姿脱俗，如同一泓清泉，滋润着人们心田；棕榈的秀景雅丽，带来一片南国风光，给人以美的震撼。古今中外，人们不仅欣赏绿化树木的自然美，而且将这种喜爱与精神生活、道德观念联系起来，形成特殊的"花语"，托树言意、借花表情。具有象征意义的"比兴"手法在我国树木景观应用中历史悠久、常驻不衰，绿化树木景观建植中出现了许多具有思想意境和文化内涵的经典模式：以松的苍劲颂名士高风亮节，以柏的青翠贺老者益寿延年；竹因虚怀礼节被冠为全德先生，梅以傲雪笑冰被誉为刚正之士；松、竹、梅合称"岁寒三友"，玉兰、海棠、牡丹、桂花并谓"玉堂富贵"，柏树、石榴、核桃组喻"百年好合"。乡村绿化对提高人们的社会文化素质、促进精神文明建设也具有重要作用，在提高属地知名度、优化旅游环境、拉动社会需求方面同样具有积极的意义。

第5章 乡村绿化的建设基础

5.1 乡村绿地的分类标准

我国城市绿地的分类标准比较成熟，目前一般采用国家住房与城乡建设部颁布的《城市绿地分类标准》，将城市绿地划分为公园绿地、生产绿地、防护绿地、附属绿地和其他绿地等5大类、24小类。但乡村绿化与城市绿化具有很大的区别，具有分散性、灵活性和多样性的特点，乡村绿化的绿地规模一般较小、布局灵活，具有绿地与农民的生产、生活相结合的特点，因此对乡村绿地的划分标准仍有较大分歧。

江苏省2010年颁布实施的地方标准《村庄绿化技术规程》中，将村庄绿地划分为道路绿地、水岸绿地、庭院绿地、单位绿地、公共绿地、护村绿地和其他绿地等7类。浙江省2011年颁布实施的地方标准《村庄绿化技术规程》中，将村庄绿地划分为道路绿地、河道绿地、庭院绿地、公园绿地和其他绿地等5类。

2012年国家住房与城乡建设部颁布的行业标准《镇（村）绿地分类》中，参照城市绿地的分类标准将乡村绿地划分为公园绿地、环境美化绿地和生态景观绿地等三类。公园绿地指向公众开放、以游憩为主要功能兼具生态美化等作用的绿地，包括小游园和古树名木周围的游憩场地等。环境美化绿地指以美化乡村环境为主要功能的绿地，如沿河游憩绿地、街旁绿地等。生态景观绿地指对乡村生态环境质量、居民休闲生活和景观有直接影响的绿地，包括生态防护林地、苗圃、花苑、草场、果园。

5.2 乡村绿地的建设类型

5.2.1 防护绿地

防护绿地主要指乡村周围的围村林带、村域范围内的成片绿地、农田防护林网等，有的乡村还有提供苗木、花草、种子的苗圃等生产性绿地，是乡村绿地规划必须包含的内容。

5.2.2 道路及河岸绿地

道路绿地主要指进入乡村主干道路和村内道路两侧配置的绿地，可营建成林荫通道。河岸绿地包括流经乡村的河道和村内外的坑塘等水岸绿地，起到植物的净化水体作用。

5.2.3 公共休闲绿地

公共休闲绿地主要指为村民服务的农民公园、休闲广场、小游园绿地等，以及乡村范围内的行政、公共服务场所、厂矿企业等单位绿地，以满足人们休闲活动的需要。

5.2.4 庭院绿地

庭院绿地主要指农民房前屋后及所有宅基地周边的绿地。这类土地归属清楚、由农民各家各户使用，其绿化情况直接关系到人居质量与乡村整体环境质量的提高，是乡村绿化的重点和难点。

5.3 乡村绿化的公众参与

乡村绿化美化是新农村环境建设的重要内容之一，对于改善村容村貌、建设人与自然和谐共处的绿色家园具有重要意义。近年来，各级政府及有关部门对乡村绿化工作高度重视，积极组织和引导群众掀起了新农村绿化建设的热潮，创建了一批绿化示范村镇，对新农村绿化建设的思路、模式、树种选择配置等方面也进行了有益的探讨。

党的十六届五中全会提出了加快建设"生产发展、生活宽裕、乡风文明、村容整洁、管理民主"的社会主义新农村的号召，农民是新农村建设的主体，深入了解农民对乡村绿化的需求，充分尊重村民的意愿和乡风民俗，调动投身建设绿色家园的积极性，并与政府的引导、推动作用有机结合，是乡村绿化建设工作不断创新、取得明显成效的关键。

苏南地区是我国经济社会发展最快的区域之一，但农村绿化的基础相对仍较薄弱，绿化率也较低；为此开展的苏南农民对新农村建设乡村绿化的认知度及参与性特征的民意调查研究，为新农村绿化建设的有关决策提供了一定依据。

5.3.1 调查与分析方法

（1）调查范围和方法。抽样问卷调查能够科学、客观地反映地真实情况，是快速、准确获取公众信息而普遍采用的有效研究方法。本调查范围包括南京市六合区、浦口区、江宁区和无锡市惠山区、江阴市、宜兴市共6个行政区（市），每个区（市）随机确定20个行政村，每村抽样调查10户（位）村民。问卷调查的样本总数为1 200份，收回有效问卷782份，占65.2%，其中南京418份、无锡364份。

调查员主要由经培训的当地乡镇林业技术人员担任，调查方法采用到村内上门访谈的形式，对问卷目的及答题要求进行详细讲解，发放问卷由受访村民填写，调查工作在2007年7月至10月完成。

（2）问卷设计。问卷调查内容设计包括对乡村绿化的满意度、植树的意愿、主要目的、选择种植树种类型、喜欢的树种、是否愿意义务投劳、乡村绿化的重点内容及需要政府提供的帮助等9个方面，每项调查内容提供相应的几个选项供受访者选择（表5-1）。

被调查对象的基本组成结构，含受访者的性别、年龄、学历、从事工作、收入等有关人口统计学背景信息，以反映被抽样调查的人员组成结构在当地农村的代表性（表5-2）。

表5-1 新农村建设乡村绿化民意调查内容

受调查人基本情况		性别/年龄/学历/从事工作/收入（填写）
认知性	1.对本村绿化的满意度	满意/一般/不满意（选择）
	2.是否喜欢在自己房前屋后植树	是/否（选择）
	3.房前屋后植树的主要目的	木材/经济林果/改善环境/观赏/不确定（选择）
	4.喜欢选择的树种类型	生长快/木材好/常绿树种/花灌木/果树/不确定（选择）
	5.最喜欢种植的树种	泡桐/杨树/榉树/银杏/香樟/桂花/竹子/其他（选择）

认为植树的主要目的是改善环境或观赏的占65.3%，认为获取木材或经济林果的占32.7%；而在无锡地区，两者的比例分别为78.6%和14.9%。无锡郊区农村的经济发展水平高于南京郊区，随着物质生活水平提高，农民对居住环境的改善更加重视。在不同年龄层次之间，大多数的青年人和中年人选择植树目的主要是为了改善环境或观赏，这一比例分别达78.9%和66.7%，而有超过半数（58.5%）的老年人认为获取木材或经济林果是植树的主要目的。反映出老年人由于受传统观念的影响，植树的目的仍较多地考虑经济方面，而青年人更多地考虑对环境的改善。在不同学历层次之间，大专和中学以上人员选择植树目的主要是为了改善环境或观赏的比例分别占83.3%和71%，明显高于选择获取木材或经济林果的人数比例（分别占16.2%、28.0%），但小学程度的人员中，选择获取木材或经济林果的人数比例为48.8%，略高于选择改善环境或观赏的比例（45.8%）（表5-4）。

表5-4 村民对乡村绿化植树目的的选择统计结果（%）

选择类型	地 区		年龄阶段			学 历			从事工作	
	南京	无锡	老	中	青	大学	中学	小学	农业	非农
获取木材	11.7	2.9	31.4	9.3	5.8	2.8	7.8	24.0	13.0	9.2
经济林果	21.0	12.7	27.1	21.4	15.4	13.9	20.2	24.8	23.3	16.1
改善环境	60.5	62.0	34.4	63.0	70.2	75.0	65.9	42.6	59.6	67.8
观赏	4.8	16.6	4.3	3.7	8.7	8.3	5.1	3.2	4.3	6.9
不确定	2.0	5.8	2.9	2.5	0	0	1	5.4	2.4	0
卡方检验	x^2=68.1**		x^2=47.44**			x^2=46.85**			x^2=5.45ns	
统计量	df=4，P=0.0001		df=8，P=0.0001			df=8，P=0.0001			df=4，P=0.2445	

在过去的农村传统观念中，由于商品严重短缺，农民四旁植树的主要目的是获取木材或经济林果，以补贴生活。随着农村经济的发展和农民生活水平的提高，农民的植树观念已发生显著变化，植树的首要目的不再是为了获取一定的经济收益，通过植树造林改善农村人居环境已成为共识。同时可以看出，农民对植树目的的认知态度受不同的地区和年龄、学历层次的影响存在一定的差异。

②树种类型选择调查：农民在选择乡村绿化造林树种时，既要考虑植树的目的、用途，又受当地的传统风俗习惯及苗木获取的难易程度等多种因素影响。苏南地区地处北亚热带，四季常绿树种尤其是常绿阔叶乔木树种较缺乏，冬季时农村田野缺乏绿色、景观较单调；同时，常绿树种在冬季的防风、防护或改善环境的功能也高于落叶树种。因此，从总体调查结果看出，村民将四季常绿树种列为植树的首选类型，占40.9%，其次为用于观赏的花灌木类型，占23.2%，选择果树类型占18.3%，选择速生树种和木材好的树种类型比例较低，分别为8.6%和5.5%。不同地区、年龄和学历层次间存在一定的差异。无锡地区选择观赏类型的比例明显高于南京，而选择木材和经济林果的比例南京高于无锡。在不同年龄层次间，老年人员中喜欢速生树种类型的比例高于四季常绿类型，选择果树的比例略高于花灌木；

（续）

受调查人基本情况		性别/年龄/学历/从事工作/收入（填写）
参与性	6.认为需要政府提供帮助的是	帮助规划/提供苗木/补助经费（选择）
	7.是否愿意为乡村绿化义务投劳	是/否（选择）
	8.认为当前乡村绿化的建设重点是	公共休闲绿地/道路绿地/河道绿地/庭院绿地（选择）

表5-2　被调查对象的基本组成结构

地区	性别	年龄	学历	从事工作
南京	男（67.9%） 女（32.1%）	青年35岁以下（24.4%） 中年35～60岁（61.0%） 老年60岁以上（14.6%）	小学以下（25.8%） 中学（66.5%） 大专以上（7.7%）	农业（84.0%） 非农业（16.0%）
无锡	男（65.4%） 女（34.6%）	青年35岁以下（18.4%） 中年35～60岁（54.1%） 老年60岁以上（27.5%）	小学以下（29.9%） 中学（57.7%） 大专以上（12.4%）	农业（58.8%） 非农业（41.2%）

5.3.2　结果与分析

（1）对乡村绿化的满意度。近年来随着各级政府对新农村环境建设的不断推进，乡村绿化工作已取得一定成效，但与农民对改善农村人居环境的迫切要求相比仍有较大的差距。调查结果显示，选择满意的占48.1%，一般的占39.9%，不满意的占12.1%（表5-3）。

表5-3　村民对乡村绿化的满意度调查结果

		南京	无锡	小计
满意	样本数（n）	203	173	376
	比例（%）	48.56	47.53	48.1
一般	样本数（n）	167	145	312
	比例（%）	39.95	39.84	39.9
不满意	样本数（n）	48	46	94
	比例（%）	11.48	12.64	12.1
	合计样本数（n） 合计比例（%）	418 100	364 100	782 100
	卡方检验统计量		$x^2=0.281^{ns}$, df=2, $P=0.8689$	

（2）对乡村绿化的认知度。从调查结果看，96.9%的村民喜欢在乡村房前屋后植树，占受访者的绝大多数，不喜欢植树的比例仅占3.1%，说明开展乡村绿化建设具有很好的群众基础。

①植树意愿与目的调查：在植树目的的调查中，选择改善环境的比例最高（61.3%），其次为经济林果（16.9%），选择观赏和用材的分别占10.7%和7.3%。在南京地区

26

表5-5　村民对乡村绿化选择树种类型的统计结果（%）

选择类型	地　区		年龄阶段			学　历			从事工作	
	南京	无锡	老	中	青	大学	中学	小学	农业	非农
生长快	10.7	6.4	29.7	7.9	7.7	14.7	6.9	20.6	11.7	4.7
木材好	6.7	4.2	10.8	7.1	3.1	5.9	6.4	7.8	7.2	3.5
四季常绿	37.6	44.2	28.4	39.4	37.7	41.2	40.0	29.8	36.8	42.3
花灌木	22.2	24.1	12.2	22.2	27.7	20.6	24.3	18.3	21.5	17.7
果树	21.0	15.6	16.2	21.2	23.1	17.6	21.9	19.1	21.1	1.2
不确定	1.9	5.6	2.7	2.1	0.8	0	0.5	6.4	2.1	1.2
卡方检验 统计量	$x^2=22.71^{**}$ df=5, $P=0.0004$		$x^2=77.15^{**}$ df=10, $P=0.0001$			$x^2=45.92^{**}$ df=10, $P=0.0001$			$x^2=9.37^{ns}$ df=5, $P=0.0953$	

③农村常见绿化树种调查：在南京地区，最受欢迎的树种为桂花、香樟和银杏，选择比例均超过25%，而选择速生树种杨树的比例仅为6.3%，选择泡桐、榉树、竹子等树种的比例低于5%。在无锡地区，也是香樟和桂花最受欢迎，选择比例分别达33.5%和22.1%，其次为银杏和榉树，选择比例分别为10.4%和10.1%，竹子、杨树和泡桐选择比例最低，最不受欢迎（图5-1）。

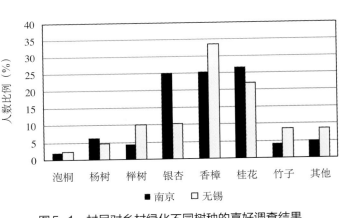

图5-1　村民对乡村绿化不同树种的喜好调查结果

④乡村绿化的参与性调查：在我国农村，土地性质和居民结构与城市有很大的差别，决定了乡村环境绿化不能像城市园林建设一样完全由地方政府来主导和实施，农民的积极参与是新农村环境绿化建设的 重要基础。

在乡村绿化建设内容的方面，村民们首先关注与自己的居住、出行等生活密切相关的环境得到绿化和美化，认为目前乡村绿化重点是建设道路绿地和庭院绿地的比例较高，分别占36.7%和32.2%，认为重点是建设公共休闲绿地的占23.8%，而选择河道绿地的比例较小，仅占7.23%。在不同地区间有明显差异（$x^2=31.44^{**}$, df=3, $P=0.0001$），无锡地区选择建设公共休闲绿地的比例（30.3%）略高于庭院绿地（26.5%），表明随着经济的发展

乡村绿化

乡村绿化

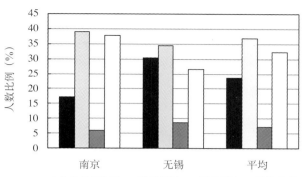

图5-2　村民对当前乡村绿化建设内容的调查结果

　　⑤ 政府投入补助的期望值调查：各级政府在组织、引导和推动对乡村绿化建设方面具有重要作用，政府给予一定的经费补助或免费提供一些绿化苗木，有助于调动村民参与乡村绿化建设积极性。在所有调查样本中，42.2%的村民希望政府提供一定的经费补助，希望政府免费提供苗木的占33.3%，要求政府帮助提供规划的占24.5%。但对这一问题的选择在不同年龄层次和从事职业间也存在一定差异，x^2统计量分别为26.46**（df=4，P=0.0001）和24.61**（df=2，P=0.0001）。老年层次和从事农业职业中，选择希望政府提供经费补助的比例高达54.7%和46.0%；而在青年层次和非农职业中，选择希望政府帮助规划的比例有所增加，与希望提供经费补助的比例基本相当（图5-3）。

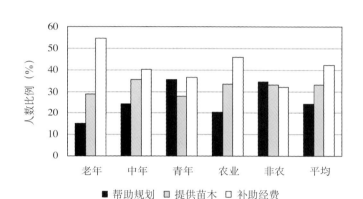

图5-3　农民希望政府提供帮助需求的调查结果

　　本次调查中，南京和无锡地区分别有92.1%和90.9%的村民表示愿意在政府的组织下为乡村环境绿化义务投劳，选择不愿意的仅占7.9%和9.1%。不同性别、年龄、学历层次和从事工作间选择愿意的比例均在85.1%～100%，反映出苏南地区农民参与乡村环境绿化的积极性很高。因此，政府在推进乡村绿化建设过程中，要按照社会主义新农村建设总体要求和不同乡村的经济发展水平、产业结构特点等差异，因地制宜、分类指导，提供农民群众切实需要的帮助。

兼容性的立体复层模式，在有限的土地上发挥各自组分的空间生态优势，建成以林木为主体的总量适宜、分布合理、生物多样、景观优美的绿色生态网络体系，提高乡村与自然环境的连接感。

　　常见优良栽培树种有：

　　黑杨（*Populus nigra*）：杨柳科，黑杨属。落叶大乔木，树高可达30米。树冠阔椭圆形。树皮灰绿色或灰白色，老干基部黑灰色、纵裂。小枝具顶芽，单叶互生，卵形或近圆形。花期3～4月，雌雄异株，花芽先端向外弯曲，柔荑花序，雄蕊多数。果期4～5月，蒴果小，具冠毛。世界杨树分为五派，江苏省栽培应用主要为黑杨派：包括欧美杨、美洲黑杨，喜光、喜阳，在庇荫的地方生长不好，无性繁殖很容易成活。1972年，南方系列意大利黑杨无性系优良品种被引种到国内栽培，但在江苏真正步入发展"快车道"的时期是1991—1999年，此期生、丰产、高抗的新品种选育成果不断涌现，从栽植到加工形成了一条完整的产业链，在全国独树一帜。杨树具有速生优质、轮伐期短、适应性强、繁殖容易等特点，和柳、榆、槐、椿被共同誉称为"黄河流域五大造林树种"：树高年生长3～4米，胸径年生长3～5厘米，每667米²蓄积量生长1.5～3米³，且可1次种植2～3次砍伐，是培育短轮伐期工业原料林的最佳树种之一，广泛用于集约栽培。

第6章
乡村绿化的结构类型

　　乡村绿化结构是一个多元模式的整体布局，应首先从抓好沟渠、河道、荒地造林入手，加强农田林网规划，发挥最大的生态环境效益；以"山川披绿、道路建绿、村镇环绿、庭院缀绿"为目标，逐步形成"春花烂漫、夏荫浓郁、秋果丰硕、冬绿葱茏"的乡村美景。新中国成立初期以建设"绿色家园"为重点，广泛开展村镇"四旁"绿化，充分利用集镇周围、乡村四周、农民家前屋后的闲杂用地，按照"去粗留精、去劣留优"的原则，逐步更新庭院、宅旁、村旁的低劣杂树，发展名优果树及速生、丰产、优质用材树。村旁、宅旁、路旁和水旁都栽满了树，变成了绿树成荫、风景宜人的好地方，特别在平原风沙危害严重的地区取得了明显效果："远看一片林，近看才见村，四料（木料、饲料、肥料、燃料）全解决，风光爱煞人。"

　　乡村绿化是由一定质与量的各类绿地相互联系、相互衬托而形成的有机整体，是不同类型、不同性质和不等规模的绿地共同组合构建而成的持久环境体系；乡村绿化的结构布局，要营造以树木为主体的绿地格局，实现一体化的战略方针。规划实施不仅要考虑一次性投入费用，还应考虑建成后的管养和维护成本。环境改造时应与原有的地形地貌、植物群落等自然资源结合：在进村道路两侧要多种乔木，营造绿树成荫的通道林；围庄林要有一定宽度，以能起到防风护村的生态效能。树种选择要坚持适地适树，多种乡土树种，如优先栽植梨、桃、杏、柿、核桃、葡萄、猕猴桃等特色果木不仅是促进农民增收的良好经济资源，也是绿化美化环境的特色景观，可在满足生态需求的同时降低成本支出、增加业外收入。

6.1　乡村围林

　　乡村围林是乡村绿化的重要内容之一，应以地带性分布的林木为主体，规划建设宽度不低于15米的环村林带，以确保绿化覆盖率达标。围村林带提倡营造4～8行以上树体高耸、抗风力强的乔木树种，构建生态效益领先、视觉景观优美的林地体系，促进乡村环境的生态平衡；特别是环网结构的林地生态系统具有较好的稳定性，能够把自然景观资源作为乡村大环境绿化的本底，加强自然或近自然的大面积片林以及乡村范围内河流、道路沿线的绿色生态廊道和防护林体系，使乡村内外的林地群落有机结合起来。

　　乡村围林最好能结合农村产业结构调整，与速生丰产林、珍贵用材林等林业生产基地有机结合，也可大力发展以花卉苗木为主的绿化产业，开拓发展以采摘、休闲为主的观光林业，营造既有良好经济效益又能发挥生态作用的多功能防护林地。在环境立地条件许可的情况下，尽量采取乔木、灌木、地被以及藤木等多种植物为生境而构成的具有

流、湖泊地区栽培。深根性、萌蘖力强，生长速度中等、寿命长，15年左右进入盛果期，盛果期长达50～70年，是世界上重要的干果树种之一，江苏于20世纪引入栽培于淮安、南京、泰州、江阴等地，嫁接繁殖多采用野核桃为砧木。薄壳山核桃为世界著名的材果兼用优良景观树种，坚果壳薄易剥，核仁富含不饱和脂肪，保健价值高，味香甜，为高档干果和油料。树干通直，材质坚实、纹理细致，富有弹性、不易翘裂，为制作家具的优良材料。树体高大雄伟，枝叶茂密，树姿优美，是优良的上层绿化骨干树种，可作行道树和庭荫树；耐水湿，适合河流沿岸、湖泊周围及平原地区"四旁"栽植。

　　榉树（*Zelkova schneideriana*）：又名大叶榉，国家二级重点保护植物。榆科，榉属。落叶乔木，树高达25米。树皮深灰色、光滑，老树基部多纵裂。一年生枝红褐色，有白柔毛。叶厚纸质，长椭圆状卵形，叶面粗糙、叶背密生淡灰色毛；秋季变色，有黄色系和红色系两个品系。花期4月，花单性（少杂性）同株，雄花簇生于新枝下部叶腋或苞腋，雌花单生于枝上部叶腋。果熟期10～11月，核果上部歪斜，几无柄。产黄河流域以南，华中、华南及西南各区普遍分布。喜光略耐阴。喜温暖湿润气候，尤喜石灰质土壤，耐轻度盐碱；忌积水，也不耐干瘠。深根性、抗风强。榉树主干端直，冠似华盖，盛夏绿荫浓密，入秋叶转红褐，是重要的绿化风景树种，可孤植、丛植公园和广场的草坪、建筑旁作庭荫树，列植人行道、公路旁作行道树，与常绿树种混植作风景林。木材坚硬、材色鲜艳，纹理美丽、质地上乘，耐水湿、用途广，是长江中下游各地结合营造用材林的珍贵树种。

　　槐树（*Sophora japonica*）：又名国槐。蝶形花科，槐属。落叶乔木，树高可达30米。树皮灰黑色，粗糙纵裂，无顶芽。小枝绿色，皮孔明显，奇数羽状复叶。花期7～8月，总状或圆锥状花序顶生，花冠黄白色。果期9～10月，荚果念珠状，肉质不裂，经冬不落。对气候生态因子要求不严，分布范围广，南、北方均可种植。喜光，对土壤酸碱度适应性广，但不耐积水，生长较快，萌芽性强。槐树树冠圆整、姿态优美，绿荫如盖、花果兼赏，也是优良的蜜源植物。

榉树　　　　　　　　　　　　　　　　　　　　　槐树

6.2 道路绿化

道路绿化作为乡村绿化体系的廊道网络和景观骨架，是绿地系统连续性的主要构成因素，也是村民出行经返、访客感触最深的亮点，直观反映乡村风貌的作用十分突出，因而愈来愈受到各级人士的关注。

行道树的建植规划：主干道路多以树冠广袤、绿荫如盖、形态优美的落叶阔叶乔木为主，而围村道路则多注重速生长、抗污染、耐瘠薄、易管理等养护成本因素。

行道树栽植以行列式为主，道路宽度大于4米的，要求两侧至少各种植1列行道树，有条件的可种植2～3列；4米以下的，至少单侧种植一列行道树；道路东西走向时宜种植在道路的南侧，南北走向的宜种植在道路的西侧。行道树的株间种植距离一般为8～10米，亦可加密至5～6米。树体大小尽可能整齐、划一，避免因高低错落不等、大小粗细各异而影响审美效果和带来管理上的不便；苗木规格，分别以胸径10～12厘米、6～8厘米为宜，以便早日成荫见效。定干高度，在同一条干道上应相对保持一致，在路面较窄或有大型车辆通行的地段以3.5米以上为宜，在路面较宽的主干道上可降至2.5～3.0米；分枝角度小的树种可适当低些，但也不能低于2米。植后须设桩固定，以提高移栽成活率，并保证交通安全。

行道树建植的施工管理措施，以方便路人行走和车辆行驶为第一准则：根据道路的建设标准和周边环境的具体情况，确定适当的树种、品种，再结合景观效果要求，选择合宜的树体、树形。行道树栽植时还需注意树体与邻近建（构）筑物、地下工程管路及人行道边沿等的水平距离。为了保证行道树的正常生长，应筑有适当的树池（1.0米×1.0米）；为避免树池土壤遭行人践踏，池边最好能有高出地面10厘米的路牙保护，亦可铺设与地面相平的透孔护盖板。如在规划种植带上方有电力、通信线路等限制，应选择最后生长高度低于架空线路高程的树种，以节省定期修剪费用。行道树枝条与架空线路间的安全距离视线

路类别而异，一般情况下：1千伏以下的电力线路安全间距为1米，1～20千伏线路下为3米，30～110千伏高压线路下为4米，150～220千伏超高压线路下要求达5米。枝条与通信明线间的安全距离为2米，与通信电缆的安全距离为0.5米。

行道树整形栽植时要保证树木分枝点有足够的高度，不能妨碍路人的正常行走和车辆的正常通行，不能阻碍行人及驾乘人员的平行视线，特别是在转向半径较小、转角视线不良的区域更应注意，以免发生意外。自然式修剪，需按树种有无中央领导干分别对待：杨树、鹅掌楸、水杉、池杉等有中央领导干的树种，侧枝点高度应在2.5米以上，下方裙枝需视情疏除，特别是在交通视线不良的区段更应注意要开阔视野，以免引发交通事故；柳树、榆树、槐树、樟树、女贞等无中央领导干的树种，分枝点高度也宜控制在2.5～3米处，树冠形成自然圆球形。开心形修剪，多用于无主轴或顶芽自剪的树种：在分枝点处选留3～5个不同方位、分布均匀的主枝，每主枝上选留2～3个侧枝；树冠自然开展，冠形较丰满，但内膛较空。

行道树的栽植土壤立地条件差，受人为碰撞损坏大、受地下管路或架空线路障碍多、受建筑物庇荫及水泥路面辐射强。从低成本养护管理要求出发，理想的行道树种选择标准应该是耐瘠抗逆、防污耐损、虫少病轻、强健长寿、易于整形、粗放管理；从景观效果要求出发，应该是春华秋色、冬姿夏荫，干挺枝秀、花艳果美、冠整形优、景观持久。近年来，随着乡村环境建设标准的提高和绿化、净化、美化、香化指标的实施，常绿阔叶树种和彩叶、香花树种的选择应用有较大的上升趋势；特别表现在乡村主干道和小区步行街等，对行道树的规格、品种和品味要求都有质的飞跃。

常见优良栽培树种有：

二球悬铃木（*Platanus hispanica*）：又名英国梧桐。悬铃木科，悬铃木属。为三球悬铃木（*P. orientalis*，又名法国梧桐）和一球悬铃木（*P. occidentalis*，又名美国梧桐）的杂交种。落叶乔木，树高可达30米，干性通直、树冠广展，树皮呈薄片状脱落，内层淡绿白色。叶大，掌状5裂。喜光不耐阴，对土壤适应性强，栽培分布广泛。二球悬铃木树势强健、叶大荫浓，生长迅速，耐修剪、易造型，与椴、榆和七叶木共同为国际公认的四大首选一级行道树种。根系浅，枝条较脆，抗强风能力弱，在沿海台风频发地区选择应用时须注意安全因素。春季果毛飘落，对呼吸道敏感者有刺激作用，南京林业大学选育的少球和无球悬铃木新品种可较好解决这一问题，目前在南京等地开展的大规模高接换种工作已获成功。主要虫害有刺蛾、大袋蛾和星天牛，栽培养护中应及时防治。作庭荫树或园景树栽植时，多采用自然式树形；作行道树栽植，可采用开心形树冠：栽植定干后，选留4～6个均匀分布的主枝，冬季短截后，各主枝选留1个斜向上方生长的枝条做主枝延长枝，树冠逐年上升成长筒状，几年后即可成型。

银杏（*Ginkgo biloba*）：又名白果。银杏科，银杏属。本属仅1种，我国特有新生代第四纪冰川期孑遗植物。落叶乔木，树高可达40米，胸径3米以上。银杏为深根性树种，对不良环境的适应性强，栽培分布广，我国大部分地区不乏数百年至上千年树龄的古树，仍枝繁叶茂、生机盎然。山东莒县的一株古银杏，胸围约13米、树冠投影面积达600米^{2}以上，相传为商代所植，距今已3 000余年。银杏是目前公认的最具抗污染、抗病虫害特性的优良树种，据报载：1945年日本广岛、长崎遭原子弹袭击后，数年内寸草不生，而最先从废墟中神奇般复活的就是银杏。银杏主干通直，冠形圆整、广裘，独特的扇形叶深秋溢满金光，极具观赏性；不但是优秀的行道树，也是著名的庭荫树、园景树，还可作盆景树栽培，在园林绿化中应用范围极广，2006年被江苏省人民代表大会确定为省树，也是国树评选中得票最多的树种。银杏雌雄异株，作行道树应用时多选择雄株、自然式生长，以求高耸挺拔的树姿；现代栽培应用中有用高枝嫁接、开心树冠的规则式整形（3～5杈不等），雄健壮美、入景入画。银杏树的种实和叶片具有极优的保健和药用功能，材质细密、坚韧，全身是宝，可结合经济栽植广为应用，特别是在高等级农田林网改造中效果显著。

樟树（*Cinnamomum camphora*）：又名香樟。樟科，樟属。常绿乔木，树高可达50米。树皮幼时绿色、光滑，老时灰褐色、纵裂。叶卵状椭圆形互生，薄革质。树冠丰满，广卵形。亚热带常绿阔叶树种的代表，分布在我国长江流域以南、年平均气温大于16℃以上地区。喜温暖湿润，不耐严寒，在绝对低温−10℃时树体即感受冻害、−18℃时幼枝冻死。深根性树种，主根发达、侧根少，抗风能力强。对土壤要求严格，喜土层深厚、肥沃、湿润的黏质土，pH中性至酸性；在土壤pH较高时叶片易缺铁黄化、严重时逐渐死亡，可喷施硫酸亚铁或柠檬酸铁处理。在地下水位较高的潮湿地亦可生长，能耐短期水淹；生长速度中等偏慢。樟树树姿雄伟，冠大荫浓、茂密翠绿，寿命长达千年以上，是优秀的乡村绿化景观树种，被广泛用作行道树、庭荫树和园景树，列植、孤植、丛植、群植都很合适。同属种：浙江樟（*C. chekiangense*），树高达10米。树皮光滑不开裂。叶椭圆状广披针形，离基三主脉近于平行、在表面隆起，背面有白粉及毛。产浙、皖、湘、赣等地，多生于海拔600米以下山谷杂木林中。耐寒性较香樟强，冠形圆整、枝密叶茂，是"樟树北上"的优良种质，可在长江以北地区推广应用，以丰富常绿耐寒阔叶树种的类型。

女贞（*Ligustrum lucidum*）：木樨科，女贞属。常绿乔木，树高可达15米，常呈灌木状。树皮光滑，灰色。叶革质而脆，深绿色，有光泽。花期6月，花白色，顶生大型圆锥花序。果熟期11～12月，核果熟时蓝黑色，被白粉。原产我国及日本，北起秦岭、淮河流域，南至粤、桂，西至云、贵、川，以及晋、冀、鲁南部地区均有栽培。喜温暖湿润环境，不耐寒；喜光，稍耐阴。适生于微酸性至微碱性湿润土壤。抗二氧化硫能力强，对氯气抗性亦强；抗氟化氢能力强，能吸收铅。女贞生长速率快，萌芽率高，耐修剪，易成型；树冠广展丰满，成荫性好；易成活，耐粗放管理，且价格在常绿阔叶树中较低廉，故被广泛用作小城镇街道和城郊公路行道树。亦可作树墙高篱使用，隐蔽效果颇佳。

6.3　水岸绿化

水源是影响人类选择聚居环境的最重要因素之一，尤其是江南水乡的村落更将河流作为主要的水上通衢，形成小桥流水人家的典型水岸景观。在恢复及重建水岸生境时，应通过科学的设计提高水岸环境的安全性：水岸坡面是村民接触水岸的界面，通过结合区域土壤、植被等自然特征和乡村文化特点，设计出安全系数较高的水岸坡面，在建立水岸坡面台阶时的垂直高度和平面宽度间比值小于1/8时效果最佳。水岸绿化的植物配置，切忌过于规则而失去画意；应结合地形、道路、岸线布局，营造疏密有致、高低有序的层次；如以垂柳、迎春营造柔条拂水时应注意探向水面的枝、干，尤其是似倒未倒的水边大乔木可起到增加水面野趣的作用，同时配以鸢尾、黄菖蒲、雨久花等宿根花卉和地锦、常春藤等藤本植物遮挡局部，增加活泼气氛。在近水岸边种植落羽杉、池杉等直立乔木，能起到垂直空间的线条构图作用，不仅增添了水面空间的层次，而且丰富了水面空间的色彩，其优美的倒影成为主要水面景观。

　　水岸林地是乡村生态环境建设中非常重要的环节，可发挥调节乡村水文循环系统的功能，提高林地对水分的吸收、储存和渗透能力，补充乡村地下水。维护水岸生境的生态安全是乡村水岸治理的重要措施，水岸林地建设与乡村水体保护有机地结合，一方面能发挥林地净化地表径流、保护乡村水质的作用，另一方面可利用水体功能来改善树木生长繁育的环境，促进林地更为完善的植被结构和更为强大的生态功能形成，从而实现更为优美的生态景观和更为显著的环境效益间大一统的和谐目标。在水岸空间设计上，护堤固岸、美化环境应尽量避免采用简单的垂直堤岸来约束河道的做法，尽量保持堤岸的自然性，建设以林木为主的近自然河道植被带；在水陆交接的自然过渡地带种植湿生植物，既加强水岸对自然环境所起的过滤、渗透等作用，又能为鸟类、两栖爬行类动物提供理想的生态栖息之地。水岸林地的树种选择要求：树冠浓密，落叶丰富且易分解，具有改良土壤并提高土壤保水保肥的性状；生长迅速、郁闭稳定，能在林下形成良好的枯枝落叶层，保护土壤。根系发达，具有耐干旱瘠薄或耐水湿、防冲刷的能力等，能适应不同类型水土保持林的特殊环境。

常见优良栽培树种有：

　　垂柳（*Salix babylonica*）：杨柳科，柳属。落叶乔木，树皮灰黑色，不规则开裂。小枝细长，轻柔下垂。叶片狭长，窄披针形。花期3～4月，雌雄异株，柔荑花序。主要分布于长江流域，南至广东、西南至云南，均见栽培；喜温暖湿润的气候条件，性喜光。耐水湿，不适干旱或黏重土壤，是低湿滩地的主要绿化树种，也是水土保持的重要护岸树种。垂柳姿态婆娑，清丽潇洒，多植于河、湖、池畔，常与碧桃、紫叶桃等配植；桃红柳绿，一派明媚春光；垂枝倒映，满幅水波倩影。作园景树栽植，多倚亭榭、傍山石，刚柔相济，更显婀娜妩媚；在近郊人流量稀疏处作行道树栽植，柳枝轻拂，亲切自然。白居易有"一树春风千万枝，嫩于金春软于丝"的名句，形象地勾勒出垂柳的春意柔姿。垂柳为江苏扬州"市树"，春季雌株产生大量柳絮随风飞舞，构成"烟花三月"的特色地域景观。垂柳生命周期较短、易衰老，栽培中通常采用头状整枝的修剪手法予以更新、复壮。同属种：河柳 (*S. chaenomeloides*)，小枝广展，耐水湿，树龄可达百年。

枫杨 (*Pterocarya stenoptera*)：胡桃科，枫杨属。落叶乔木，树高达30米、胸径可达1米，树皮老时灰色、深纵裂，小枝灰色至暗褐色、具灰黄色皮孔。奇数羽状复叶，小叶10～28枚，对生或稀近对生，长椭圆形至长椭圆状披针形。花期4～5月，柔荑花序下垂；雄花序单生于一年生枝条上叶痕腋内，雌花序顶生新枝上部。果熟期8～9月，果穗下垂，坚果具翅，条形或阔条形。广布于华北、华东、华中、华南及西南地区，在长江、淮河流域最为常见，生于海拔1 500米以下的沿溪涧河滩、阴湿山坡地。喜温暖湿润气候条件，喜光，不耐庇荫。耐水湿、耐寒、耐旱，要求中性及酸性沙壤土。深根性，主根明显、侧根发达，萌蘖能力强。枫杨树冠广展、枝叶茂密，生长快速、根系发达，为河床两岸低洼湿地的良好固岸护堤树种，既可以作为行道树，也可成片种植或孤植于坡地。4、5月间，果实垂吊，密集如串串翠绿的项链；而中间椭圆状、两翼微翘的果实又像一只只小元宝，故又名"元宝树"，别具特色。唯叶片有毒，鱼池附近不宜栽植。

乌桕 (*Sapium sebiferum*)：大戟科，乌桕属。落叶乔木，树高达15米。树冠圆球形，树皮暗灰色，浅纵裂。单叶互生，菱状广卵形。花期5～7月，穗状花序顶生，花小，黄绿色。果10～11月成熟，蒴果3棱状球形，果皮脱落；种子黑色，外被白蜡，经冬不落。主产长江流域及珠江流域，浙江、湖北、四川等省栽培较集中；日本、印度亦有分布。喜温暖气候，并有一定的耐寒能力，喜光。耐水湿，并能耐间歇性水淹。主根发达，抗风力强。对土壤理化性状要求不严，耐0.25%以下轻盐碱土，但在过于瘠薄、干旱地生长不良。乌桕树冠整齐、叶形秀丽，秋叶红艳可爱，不亚于丹枫，宜植于水边、池畔、坡谷、草坪，与亭廊、花墙、山石相配也相适宜。冬日，白色的种子挂满枝头，经久不落，颇为美观，古人有"偶看柏树梢头白，疑是江梅小着花"的诗句。幼龄树若进行疏枝修剪，树形似团团云朵，可作庭荫树、行道树和护堤树。

落羽杉 (*Taxodium distichum*)：杉科，落羽杉属。落叶大乔木，树高达50米，胸径可达3米以上。树冠幼年期呈圆锥形，老时则开展呈伞形。树干尖削度大，基部膨大，自水平根系向地面伸出膝状呼吸根。树皮呈长条状剥落；树干枝条平展，一年生小枝褐色。叶条形、先端尖，羽状排列，秋季凋落前变暗红褐色。花期5月，球果10月成熟。原产北美东南部亚热带温暖地区，能形成大片森林；我国引入栽培达半个世纪以上，在长江流域及南方平原水网地区大量发展。喜暖热湿润气候，有一定耐寒力，为强阳性树种。喜湿润而富含腐质土壤者，极耐水湿，能生长于浅沼泽中，亦能生长于排水良好的陆地。深根性，抗风能力强。落羽杉与水杉、水松、巨杉、红杉同为孑遗树种，是世界著名的绿化树木。树形整齐美观，近羽毛状的叶丛极为秀丽，入秋后变成古铜色，是良好的秋色叶树种，最适近水旁配植，又有防风护岸之效。木材纹理直、硬度适中，材质次于杉木、优于水杉；耐腐蚀，耐蚁蛀。

6.4　农田林网

农田林网是农业生产的绿色屏障，把一望无际的农田划成方、连成网，形成一个造福农业的林业生态系统，是造林绿化工作的重要组成部分。农田林网的建设可形成优美的森林景观，像一队队绿色的哨兵牢牢地扎根于脚下的土地，护卫着田野抵御风霜雨雪，"田成方、林成网、路相通、渠相连"，编织出一幅幅锦绣大地的图案。农田林网优化了农田生态环境，对防风减灾、调节气候、改善生态、提高农作物产量和品质起到了巨大的作用，用经年累月的默默奉献书写着大地之上的绿色丰碑：农业是基础，林业是屏障；农田林网改善村容村貌，美化居住生活环境，保障民众身心健康，促进精神文明和生态文明建设。

农田林网是农村大地上的林业生态屏障，也是一块造福"三农"的绿色丰碑，不仅增加农作物产量，而且成了增加农民收入的一个重要渠道；农田林网防护林在缺材少林的平原地区形成了一批产量可观的木材工业原料林基地，在一定意义上创造了一个"奇迹"，涌现出许多绿色植被丰富、景观优美的林业专业镇。

6.4.1　制订合理的林网规划

（1）因地制宜林网建设。在已有排灌系统的中低沙田地区，原则上应在原有堤围沟渠机耕道路的基础上种植2～4行树木（或果树）作为林带，不必重新筑基种树；但应注意的是，近东西向的沟渠或道路应种植较高的树种作为主林带，近南北向种一些较矮的树种作为副林带。如果是新围垦的地方，应按水、田、林、路统一规划，注意使主林带尽可能成为正东西方向，副林带则与主林带相垂直，组成网格，每个网格面积通常在3.3～6.7公顷，以东西向的长方形网格为好。在不能规划方田的地方，应充分利用河堤、泥基、路边、沟渠边等种植林带，再联结成网以减弱大风危害，为农作物生长创造良好的小气候环境。

（2）减少林带遮阴影响。遮阴会影响农作物的生长，故在东西方向林带植树时，应把树木种植在水渠、道路的南边，使树影落在水沟或道路上，以减少林带对农作物的遮阴作用。

6.4.2　农田林网建设的一般标准

（1）建设规格。按常规，农田林网建设以20～33公顷为一个林网，具体大小可视土地状况和经济投入而定。一般而言，主林网由宽10～15米的3排乔木树种组成，即每个林网定植的树木面积折合为2.6～3.3公顷。总结第一代林网建设的经验教训，可进行三方面的改变：一是改多行栽植为单行栽植（一边一行树），株距由过去的1米变为2～5米；二是改单一树种为多样化，有计划地搭配刺槐、臭椿、楝树等乡土树种；三是改主林网单一乔木为上乔下灌，乔灌结合。

（2）疏透适度。林带防护效益的大小与林带结构是否适当关系很大，必须控制林带疏透度，不宜过疏，也不宜过密。国内外大量观测证明，以通风系数0.3～0.5的疏透结构林带防风效果最好，因此初植时可以密些，以后再间伐。主林网一般以2～3行为宜，其株行距大致可采用2米×1.5米的规格。

6.4.3　选择适当的树种

农田林网树种的选择，直接关系到林网的效益。近年来，由于农田林网栽植树种多为杨树，其树冠大、根系长，一定程度上影响了农作物产量；加之当前粮价平稳，杨树木材行情走低，群众对农田栽植杨树等高大乔木抵触情绪很大。为进一步搞好农田林网的建设，应注意以下几方面问题。

（1）树种特性要求。农田防护林的主要防治对象是风害和平流霜冻，主要使命是保证农田高产、稳产，同时生产各种林产品和美化环境，因此树种要求具如下特性。一是生长迅速、树形高大、枝叶繁茂，寿命相对较长，能够较早和较长期地发挥防护效能。二是抗风力强，盐碱地区应具有较强的抗盐碱能力。三是树冠以窄冠型为好，根系伸展不过远，没有和农作物共同的病虫害。四是本身具有较高的经济价值。

（2）适宜树种选择。应根据适地适树原则，结合农田作物生长而定，如种植水稻、棉花等的平原地区，主林带一般采用意杨、水杉等适于用材和薪炭的树种，土壤条件好、投入有保障的可适当选种樟、广玉兰等绿化苗木。副林带则以果树为主，如薄壳山核桃、枣等，也可以选种某些竹类。

常见优良栽培树种有：

水杉（*Metasequoia glyptostroboides*）：水杉科，水杉属，仅1种，我国特有第四纪冰川期孑遗植物。落叶乔木，树高可达35米，树干基部膨大。树皮灰褐色，呈纵裂，条状剥落。幼年树冠为尖塔形，大枝不规则轮生；羽状叶交互对生，秋季转红。原产湖北、四川等地，性耐寒，喜光。喜酸性土壤，不耐干旱，也不耐水湿。水杉病虫害较少，是农田林网及道路的重要绿化树种。姿态优美、高耸挺拔，叶色秀丽、夏绿秋褐红，亦可作行道树、园景树及风景林应用，孤植、列植、群植均可。

池杉（*Taxodium ascendens*）：杉科，落羽杉属。落叶乔木，树高达25米。树干基部膨大成膝状呼吸根，在低湿地带生长尤为显著。树皮灰褐色，纵裂，呈长条片状脱落。枝向上伸展，树冠常较窄，呈尖塔形。当年生小枝绿色，细长，略向下弯曲；二年生枝红褐色。叶钻形，螺旋状伸展排列。球果圆球形。原产北美，我国20世纪引种到江苏、浙江、湖北、江西、广东等地栽培。性喜光。喜酸性土壤，在pH7.2以上的土壤中栽植即发生黄化现象。耐旱，耐涝，萌芽力强，抗风性能好。池杉树形优美、枝叶俊秀，秋色如火如荼；在水网地区栽植效果佳，尤适于滩湿地林相改造应用。

楸树（*Catalpa bungei*）：又名金丝楸、梓桐等。紫葳科，梓树属。落叶大乔木，树高达30米、胸径60厘米。树皮灰褐色、浅纵裂，小枝灰绿色、无毛。叶三角状卵形，先端渐长尖。花期4～5月，总状花序伞房状排列，顶生；花冠浅粉紫色，内有紫红色斑点。自花不孕，多花而不实。原产我国，分布于东起海滨、西至甘肃、南始云南、北到长城的广大区域内，近年来辽宁、内蒙古、新疆等省（自治区）引种试栽良好。适生于年平均气温10～15℃的环境，较耐寒，喜光。不耐积水，忌地下水位过高，稍耐盐碱。楸树风姿挺拔、花器素雅，自古就有"木王"之称，广泛栽植于皇宫庭院、胜景名园之中，如北京的故宫、北海、颐和园、大觉寺等游览胜地和名寺古刹可见百年以上的苍劲古树；干高冠窄，根系分布深，对农田影响小，是理想的农林间作和农田防护树种；根深叶茂、耐寒耐旱，固土防风能力强于桑树、刺槐、柽柳、香椿、白蜡等树种，是荒山造林和公路、沟坎、河道防护的优良树种。

丝棉木（*Euonymus bungeanus*）：卫矛科，卫矛属。落叶小乔木，树高达8米。树冠圆形或卵圆形，枝广展，小枝细长。叶对生，卵形至卵状椭圆形，入秋叶转红，叶柄细长。花期5月，3～7朵成聚伞花序，淡绿色；10月果熟，蒴果粉红色，4深裂，种子具橘红色假种皮。产于我国北部、中部及东部，辽、冀、豫、鲁、甘、皖、苏、浙、闽、赣、鄂、川均有分布。耐寒，喜光，稍耐阴。对土壤要求不严，耐干旱，也耐湿。根系深而发达，能抗风；根蘖萌发力强，生长较缓慢。丝棉木树形圆广、枝叶秀丽，花果密集且红果在枝上悬挂甚久，宜孤植或丛植于路旁、湖畔、溪边。

6.5　宅旁绿化

宅旁绿地属于居住建筑用地的一部分，一般来说是很不规范的小空间；宅旁绿地是住宅内部空间的延续和补充，主要是满足居民休息、幼儿活动以及安置生活杂物等需要，可协调以家庭为单位的私密性。自古以来，农民就有在宅旁房前屋后植树建绿的习惯，虽然不像公共绿地那样具有较强的娱乐、观赏功能，却与村民的日常起居息息相关，具有浓厚的生活气息和以宅旁绿地为纽带的社会交往活动，密切邻里乡亲的人际关系。

宅旁绿地的布置方式随住宅建筑的类型、间距和层高等建筑组合形式的不同而异：较低的花果树木栽植在院前，既通风透光，又美化环境；高大的薪材树则应栽植于屋后，既不影响采光，又可以给屋面遮阳。宅旁绿化应根据不同地形条件，宜树则树、宜花则花、宜草则草，充分体现田园风光、生活气息；巧用时间、合理套植，就是把不同生态特性的植物合理搭配，如食用菌、药材等经济植物可以种在阴凉的地方，利用空间多层种植葡萄、猕猴桃等藤本果木可攀架构成天然荫棚。

6.5.1　生态林木

宅旁的外围区域应该多种植一些主干高、枝叶茂密的落叶乔木，使房屋在夏季处于树荫遮掩之下，而冬天又能接受到充足的阳光照射。

常见优良栽培树种有：

梧桐（*Firmiana simplex*）：又名青桐。梧桐科，梧桐属。落叶乔木，树高达15米。幼树皮青绿色，老干略带灰色。顶芽生长势强，侧芽一般不易萌发，分枝少、节间长，不耐修剪。大型心形叶，掌状3～5中裂。生长寿命较长，有百年以上树龄记录。深根性，直根粗壮，大树移栽易成活。我国自海南至华北均有分布。喜光，喜温暖湿润气候条件。喜土层深厚、肥沃、排水良好的土壤。耐干旱，怕积水，不耐盐碱。梧桐树干通直，树势高耸雄伟；树皮青绿光滑，树姿高雅脱俗。明代陈继儒有"凡静室，须前栽碧梧，后种翠竹"，并谓碧梧之趣"春冬落叶，以舒负暄融和之乐；夏秋交荫，以蔽炎烁蒸烈之威"。夏秋翠叶疏风、绿柯庭宇，数千年来一直有"栽得梧桐树，引来金凤凰"的美好传说，成为绿化树种中颇具传奇色彩的嘉木。

泡桐（*Paulownia fortunei*）：玄参科，泡桐属。落叶乔木，树高达25米。叶大，心状长卵圆形，浅裂1/4～1/3。花期3～4月，由多数聚伞花序排成顶生圆锥状花序，盛花期繁茂醒目；花大，花冠漏斗状，乳白色至微带紫色，内具紫色斑点。分布于长江流域以南各省，东起苏、浙、台，西至川、云，南达粤、桂。强阳性速生树种，喜温暖气候。较耐水湿，对黏重和瘠薄土壤的适应性也较强。萌芽、萌蘖能力强。泡桐主干通直、冠大荫浓、花开满树，为优良的林荫树种，亦可列植作为公路行道树。

梧桐

泡桐

朴树（*Celtis sinesis*）：榆科，朴属。落叶乔木，树高20米，树皮灰色、光滑，当年生小枝密生毛。叶质较厚，阔卵形或圆形；三出脉，背面叶脉处有毛。花期5月，花杂性同株，雄花簇生于当年生枝下部叶腋，雌花单生于枝上部叶腋，1～3朵聚生。果熟期10月。核果近球形，红褐色。分布于山东、河南和长江流域以南地区，常散生于平原及低山丘陵地区，农村习见。喜光，亦耐阴。喜肥厚湿润疏松的土壤，耐干旱瘠薄，耐轻度盐碱，耐水湿。适应性强，深根性，萌芽力强，抗风。朴树树冠宽广、树荫浓郁，生长较快、寿命长，最适公园、庭院作庭荫树，也可作为街道公路行道树和河网区防风固堤树种。

楝树（*Melia azedarach*）：又名苦楝。楝科，楝属。落叶乔木，树高达10米。树皮暗褐色、纵裂，皮孔多而明显；老枝带紫色、小枝黄褐色。2～3回奇数羽状复叶，小叶椭圆形或披针形，顶生1片通常略大。花期4～5月，大型圆锥花序，花芳香，有花梗；花瓣5，淡紫色。果期9～10月，核果椭圆形或近球形，淡黄色。产我国秦岭南北坡，生于海拔100～800米的山坡，黄河以南地区常有栽培和野生。喜温暖湿润，耐寒，喜光；不耐旱，怕积水，喜生于湿润肥沃的土壤。楝树羽叶疏展，夏日紫花芳香、淡雅飘逸，秋冬果悬枝头、引鸟雀跃，适作行道树和庭荫树及"四旁"绿化。适应性很强，是盐碱地绿化的优良树种。

朴树  楝树

6.5.2　经济林果

近几年来，一些见效快、效益高的果树、花卉对农民的吸引力不可低估，在房前屋后建设小型林园、果园、花园的越来越广泛，宅旁绿地与花圃、果园融为一体大有市场，不仅可以加大农村绿化面积、美化环境，而且确实可以增加庭院经济收入。

常见优良栽培树种有：

柿（*Diospyros kaki*）：柿树科，柿属。落叶乔木，树高达15米，树冠自然半圆形。树皮暗灰色，鳞片状开裂，幼枝有茸毛。叶片肥厚，近革质，椭圆形，叶面深绿有光泽，叶背疏生褐色柔毛。花期5～6月，花冠钟状，4裂，黄白色；雄花3朵聚生成短聚伞花序，雌花单生叶腋，花萼4深裂、裂片三角形。果熟期9～10月，浆果卵圆形或扁球形，橘红色或橙黄色，有光泽，卵圆形花萼宿存。原产我国，北自河北长城以南，西北至陕、甘南部，西南至云、贵、川，南至粤、桂、台，均有分布；亚、欧、非洲均有栽培，其中以日本较多，朝鲜、意大利次之，印度、菲律宾、澳大利亚也有少量栽培，19世纪后半期传入欧美、迄今只有零星栽培。喜温暖，亦耐寒，年平均温度9℃以上、绝对低温−20℃以内均能生长。性喜阳，喜湿润，也耐干旱。对土壤要求不严，但不喜沙质土。根系发达，萌芽力强，寿命较长。嫁接繁殖，北方柿以君迁子为砧木，南方柿以君迁子或老鸦柿为砧木。柿树枝繁叶大、广展如伞，秋起叶红、丹实如火，是庭荫树栽培的上佳选择；夏可庇荫、秋能观果，既赏心悦目、又一饱口福，是园林绿化结合生产栽培的优良树种，成片群植于山边、坡地或池边、湖畔可自成一景，秋风渐起时蔚为壮观。根据柿果在树上软熟前能否自然脱涩分为涩柿和甜柿两大类：中国栽培的绝大部分品种都是涩柿类，主要有磨盘柿、镜面柿、水晶柿、扁花柿、恭城水柿等；甜柿在日本很多，中国仅有罗田甜柿一个品种。柿果营养主要是蔗糖、葡萄糖及果糖，比一般水果高 1 ～ 2 倍；富含的果胶是一种水溶性的膳食纤维，有良好的润肠通便作用。

沙梨（*Pyrus pyrifolia*）：又名麻安梨。蔷薇科，李属。落叶乔木，树高 4 ～ 5 米，树皮褐黄色，呈粗块状裂。树冠球形，较扩展。小枝紫褐色或暗褐色，叶卵形或卵状长圆形。花期 4 月至 5 月初，伞房花序，具花 6 ～ 10 朵；花瓣卵形，白色。果熟期 8 月，果实圆锥形或扁圆形，赤褐色或青白色。雪梨、酥梨等均属此种。原产我国华东、华中、华南、西南，朝鲜有分布。性喜温暖湿润，树势旺盛，有些品种也较耐寒，但对北方气候环境条件的适应能力不如白梨系统的许多品种。沙梨肉质酥脆细腻，汁液丰富，酸甜浓郁，食后满口清凉，被誉为梨中珍品；性寒凉、解热症，可止咳生津、清心润喉、降火解暑，为夏秋热病之清凉果品。极耐贮藏和运输，采收后在 0 ～ 15℃条件下可贮藏 5 个月保持品质不变，果皮有较强的韧性，容易长途运输，是一种抗病、晚熟、品质优、丰产性高、风味独特的高营养保健型品种。

板栗（*Castanea mollissima*）：山毛榉科，栗属。落叶乔木，树高可达 20 米。叶椭圆或长椭圆形，缘有刺毛状锯齿。花单性，雌雄同株；雄花为柔荑花序，雌花单独或数朵生于叶腋。坚果紫褐色，被黄褐色茸毛或近光滑，数个包藏在密生尖刺的总苞内，成熟后总苞裂开、栗果脱落；果肉淡黄，含糖、淀粉、蛋白质、脂肪及多种维生素、矿物质。我国河北、山东、陕南镇安是著名产区，多生于低山丘陵缓坡及河滩地带。适宜年平均气温为 l0.5 ～ 21.8℃，温度过高、冬眠不足均导致生长发育不良，气温过低则易遭受冻害。喜光，光照不足引起枝条枯死或不结果。对土壤要求不严，适合偏酸性沙质壤土；忌积水，忌土壤黏重。深根性，较抗旱、耐瘠薄，宜于山地栽培；根系发达，有菌根共生，萌芽力强。板栗树性强健，寿命长达 300 年以上，是中国栽培最早的果树之一，与桃、杏、李、枣并称"五果"。中国板栗品种可分为两大类：北方栗坚果较小，果肉糯性，适于炒食，著名的品种有明栗、尖顶油栗、明拣栗等；南方栗坚果较大，果肉偏粳性，适宜于菜用，品种有九家种、魁栗、浅刺大板栗等。板栗树冠丰满、树荫浓郁，中国古代就用作行道树，丛植可配置在低矮建筑物的阴面，列植在工矿区可作防风、防火林；群植宜与色叶树种配置组成风景林，有幽邃深山之效果。木材致密坚硬，坚固耐久，不容易被腐蚀，有美丽的黑色花纹，是非常好的装饰和家具用材。

杨梅（*Myrica rubra*）：又名龙睛、朱红。杨梅科，杨梅属。常绿乔木，树高可达 15 米。树皮灰色，老时纵向浅裂，小枝近于无毛。叶革质，长椭圆状倒披针形，集生枝顶。花单性异株，花期 4 月；雄花序穗状，单生或数条丛生叶腋；雌花序单生叶腋，仅上端 1（稀 2）花序发育成果。果期 6 ～ 7 月，核果球形，略呈压扁状；肉质外果皮具乳头状凸起，熟时深红色或紫红色。原产我国温带、亚热带湿润气候的山区，主要分布在长江流域以南、海南岛以北，与柑橘、枇杷、茶树、毛竹等分布相仿，但其抗寒能力较强。喜阴，喜微酸性的山地土壤。杨梅是中国特产水果之一，病虫害较少，是天然的绿色保健食品；果实成熟时丹实点点、烂漫可爱，中、外果皮多汁，味酸甜、营养价值高，在江浙一带又有"杨梅赛荔枝"之说。经济寿命长，被人们誉为"摇钱树"，优良品种有苏州洞庭东西山的大叶细蒂。杨梅树姿优美，叶色浓绿，耐旱耐瘠，根系与放线菌共生形成根瘤，是一种非常适合山地退耕还林、保持生态的理想树种。

6.6 庭院绿化

庭院绿化与村民贴得最近，能够营造景观、振奋精神、陶冶情操，与百姓的日常生活息息相关。庭院绿化的成功秘诀就是设计合理、维护简便，通过院落、平台、阳台、围栏将绿色植物融入家居生活，营建花园氛围。因此，借助绿化设计的各种手法，可优化、提升已有的庭院空间；不同区间的平衡组合，能调节出多种节奏的动感，使庭院独具魅力；硬质铺装和种植用地之间要有一个合适的配置比例，把庭院绿化的养护工作量维持在低碳、环保、健康的状态。

6.6.1 庭院绿化的生境主体

庭院绿化的植物种类繁多，形态丰富有趣：既有形体高大的乔木，也有高不盈尺的矮小灌木，更有姿态繁复的草本花卉；常绿、落叶相宜，孤植、丛植可意，主题鲜明、功能清晰。庭院绿化的和谐植被生境才能营造空气清新、视野舒适的生态氛围：风花雪月、晨曦晚霞，红花绿叶、冬姿春态，是一幅五彩缤纷的天然图画；小桥流水、蝶飞燕舞、松涛泉瀑、虫嘶鸟鸣，是一曲袅绕动听的美丽乐章。

不同植物种类的形态特征和生长习性，决定了它们在绿地应用中的各自地位；同一植物种类在不同环境条件和栽培意图下，还可有多种功能选择和艺术配置。《园冶》（明·计成）云："梧荫匝地，槐荫当庭，插柳沿堤，栽梅绕屋"，"移竹当窗，分梨为院"，"芍药宜栏，蔷薇未架"，在夏季高温的炎热季节，可以充分利用垂直绿化减少建筑物的受阳面，从而达到降温的生态作用：西、北墙面可以种植常春藤、凌霄、爬山虎等攀缘植物，以阻夕阳西下的淫威；东南墙面则可以搭设棚架，种植紫藤、木香、金银花等藤本花木及葡萄、丝瓜、葫芦等瓜果植物，作为纳凉休憩和采摘观赏的场所。

常见优良栽培树种有：

枇杷（*Eriobtrya japonica*）：蔷薇科，枇杷属。常绿小乔木，树高达10米，小枝密生锈色或灰棕色茸毛。叶革质，长倒卵形，深绿色；表面皱，背面及叶柄密生锈色茸毛。花期10～12月，圆锥花序，小花多而紧密；花序梗、花柄、萼筒密生锈色茸毛；花白色有芳香。果熟期翌年5～6月，梨果近球形或长圆形，黄色或橙黄色，外有锈色柔毛。原产我国东南部，喜光，稍耐阴，不耐寒。一年发3次新梢，嫁接苗4～5年结果，南方各地多作果树栽培。红沙枇杷，寿命长、树势强、产量高，著名品种有圆种、鸡蛋红等；白沙枇杷，品质优良，但生长、产量等都不如红沙枇杷，著名品种有圆种、育种、鸡蛋白等。枇杷叶大荫浓、树冠整齐，冬日白花盛开、夏日金果满枝，景观作用非凡，是南方庭院的良好的观赏树种，可丛植或群植于草坪边缘、湖边池畔、山坡等阳光充足处，亦可孤植为庭荫树，列植为行道树。生长缓慢，寿命较长；花为蜜源，叶可入药，果实味美。

石榴（*Punica granatum*）：石榴科，石榴属。落叶灌木或小乔木，树高5～7米，冠常不整齐。小枝有角棱，端常成刺状。叶长椭圆形，有光泽。花期5～6月，花单瓣，朱红色。果期9～10月，浆果近球形，古铜黄色或古铜红色，具宿存花萼。原产伊朗和阿富汗等中亚地区，我国汉代引入，黄河流域及其以南地区均有栽培。喜温暖气候，有一定耐寒能力。喜光，喜排水良好的石灰质土壤，有一定的耐干旱瘠薄能力。萌蘖力强，易分株。石榴季相丰富，景观鲜亮，为叶、花、果俱美的著名绿化树种。作园景树应用，适于配置阶前、中庭、或墙隅、窗前、亭台之侧。主要变种有：白石榴（var. *ablescens*），花白色。黄石榴（var. *flavescens*），花黄色。重瓣白石榴（var. *multiplex*），花白色，重瓣。重瓣红石榴（var. *pleniflora*），花红色，重瓣。玛瑙石榴（var. *legrellei*），花红色，有黄白色条纹，重瓣。月季石榴（var. *nana*），植株矮小，枝条细密而上升，叶、花皆小，花重瓣或单瓣，花期长，故又名"四季石榴"。

西府海棠（*Malus spectabilis*）：蔷薇科，苹果属。落叶小乔木，树高可达8米，无枝刺；小枝圆柱形，紫红色。叶长椭圆形，先端急尖，边缘具刺芒状细锯齿。花期4月，伞形花序单生于短枝端，4～7朵成簇向上，蕾期甚为红艳，开放后呈淡粉红色，单瓣或重瓣。果熟期9月，梨果长椭圆形，具短果梗，橙黄色，具光泽，果肉木质，味微酸、涩，有芳香。原产我国辽宁、河北、山西等省，华北、华东尤为习见。耐寒，喜光，耐干旱，忌水湿，在北方干燥地带生长良好。同属种：垂丝海棠（*M. halliana*），花鲜玫瑰红色，花梗细而下垂，果紫色，产我国华东、西南地区，耐寒性不强；变种有重瓣垂丝海棠（var. *parkmanii*）和白花垂丝海棠（var. *spontanaea*）。海棠花姿潇洒，花开似锦，自古以来就是雅俗共赏的名花，常与玉兰、牡丹、桂花相配植，形成"玉棠富贵"的意境。与同属的垂丝海棠和木瓜属的贴梗海棠（*Chaenomeles lagenaria*）和木瓜海棠（*C. sinensis*），习称"海棠四品"，是久负盛名的传统庭院树种，作园景树应用多植于门庭、点缀亭廊、草地、林缘也相适宜。

桂花（*Osmanthus fragrans*）：木樨科，木樨属。常绿灌木或小乔木，树高达12米。单叶对生，革质，全缘。花期9～10月，聚伞状花序簇生，小花黄白色，具浓香。原产我国西南部，现广泛栽培于长江流域，尤以广西桂林为盛。喜温暖和通风良好的环境，较耐寒。喜光，喜肥，适微酸性土壤，忌积水。桂花秋季开花，甜香四溢，独占三秋压群芳，深得百姓喜爱和文人墨客赏识，为我国传统十大名花之一。作园景树应用效果极佳，作庭荫树和行道树栽植亦可，是绿化、美化、香化性能兼备的优良绿化景观树种。栽培变种有：金桂（var. *thunbergii*），花色金黄，香味浓郁。丹桂（var. *aurantiacus*），花色橙红，香味清幽。银桂（var. *latifalius*），花色乳白，香味淡雅。四季桂（var. *semperflorens*），花色黄白，一年内可连续开花数次，香味芬芳。

金桂   银桂   丹桂

6.6.2　庭院绿化的设计模式

庭院既是户外活动的场地，也是邸宅内部交通和公共交往的枢纽，在农村民居建筑中占有重要的地位。考虑到北半球的光照特点，庭院一般以宅前南向园地为主，或位于邸宅的东、西一侧而成跨院；宅后的北向院落通常较小或根本没有，前宅后院的格局已不多见。一般庭院的形状有三角形、正方形、长方形、条带形、L形、环绕形等，阳台、露台的形状则以大小不等的矩形为主，设计在很大程度上就是综合处理不同的因素，总体布局必须均衡稳定、协调统一。

江苏省农村住宅庭院面积多在150～200米^2，庭院绿化布局要充分考虑个人爱好和经济实力，因地制宜、见缝插绿，努力营造赏心悦目、遮阴纳凉、健身康体的功能和绿化、美化、香化、效益化的生态效果。绿化面积较大的庭院可采用多种果树混种的类型，花卉型则适宜于面积较小的庭院，村镇经济发达地区的庭院绿化则可追求绿化式的精致模式。南向开门的宅前用地可以划分成院落，用绿篱、栅栏或矮墙围护，院内种植一些不同季节开花结实（籽）的花卉、蔬菜、果木、观赏树木等，获得绿、美、果、香之效。

（1）草木花卉模式。适用于较小空间的庭院或经济不太宽裕的家庭，因植株矮小不会对居室采光造成影响，虽成本低廉，同样对生活情趣有所裨益。

花台（坛）是中国庭院传统的设施观赏形式，多从地面抬高数十厘米，以砖或石砌边框，有时在花坛边上围以矮栏，中间填土种植花草；在具有几何形轮廓的植床内，运用花卉的群体效果来表现图案纹样或观盛花时的绚丽景观，如牡丹台、芍药栏等。植物选择宜矮生性、株形整齐、耐干燥、抗病虫害，多花性、花色鲜明而花期长的品种，其中：一年生草本可常换常新、机动灵活，常用的有鸡冠花、一串红、百日草、香石竹、三色堇、矮牵牛、金鱼草等；多年生草本可一岁一荣、简便长久，常用的有芍药、菊花、石蒜、葱兰等。近年来备受青睐的熏衣草、迷迭香、薄荷、驱蚊草等芳香保健植物，也是不错的选择。

（2）经济林果模式。古代庭院最初就是经济实用的果树园、草药园或蔬菜圃，即便在今天，也有懂得精致生活的人动手园艺操作，在较大的庭院空间中甚至可以看到花果满园的瑰丽风光。常见的落叶果树有柿、石榴等，常绿果树有枇杷、柑橘等，常见藤本果树有葡萄、猕猴桃等。

（3）精致绿化模式。随着人们对生活质量的要求提高，庭院的环境打造愈来愈受到业主的重视，特别是新农村建设中崭露头角的别墅安置小区，户外的私有空间较普通住宅大很多，精致绿化模式的"墅园"规划设计也愈来愈受到业主的青睐。但在设计制作上，宜回归质朴本真的生态、生活品位，力求用精练的笔触勾勒无限意境，彰显个性却又能体现人与自然的和谐；从材质到色彩的精心斟酌，确保绿化语言的上佳表现；用专注、专心、专业的执著精神，营造完美的居家庭院生活。

精致绿化模式的设计风格，依据绿化空间的大小、形状和个人的爱好，可以选择中国古典式、日本田园式、西欧规则式等不同类型；也可以将不同的风格形式巧妙地进行组合、搭配，取得灵巧活泼、和谐共显的艺术效果。

①中国古典庭院：中国古典庭院绿化由建筑、山水、花木等组合而成，极具综合艺术特性，"溪水因山成曲折，山蹊随地作低平"；中国古典庭院于咫尺幅地中开池引水，多小

中见大、师法自然，构成山水园的景观艺术中心。孔子云："知者乐水，仁者乐山。知者动，仁者静"。就因为水的清澈象征人的明智，水的流动表现智者的探索；而山的稳重与仁者的敦厚相似，山中蕴藏万物可施惠于人，正体现仁者的品质。

江南宅园是中国传统美学的完整体现，设计和营造基于崇尚自然的传统哲学和创作思想，其精髓在于因地制宜、道法自然，把地理、植物、建筑三者构筑成一个空间体系；充分尊重自然、历史和文化，营造空气清新、视野舒适的生态氛围，追求至善至美、天人合一的最高景致。宅园的主人是诗人、画家，也是园丁和工匠，巧妙地把江南宅第打造成一个个中国古典文学的形象范本，在有限的空间范围内利用独特的造园艺术，将湖光山色与亭台楼阁融为一体，把生机盎然的自然美和创造性的艺术美融为一体，把园景引入更深的审美层次："丘壑在胸中，看叠石疏泉，有天然画本；园林甲吴下，愿携琴载酒，作人外清游。"

②日本意境庭院：精彩之处在于小巧而精致，枯寂而玄妙，抽象而深邃。大者不过数百平方米，小者仅几平方米，而表达的内容却是另一番天地，用这种极少的构成要素达到极大的意蕴效果，正所谓"大音希声""大象无形"。日本的古代宫苑庭院属于东方系的自然山水园，多在水上做文章：掘池以象征海洋，起岛以象征仙境，布石植篱、瀑布细流以点化

自然，并将亭阁、滨台（钓殿）置于湖畔绿荫之下，以享人间美景。

离宫书院式庭院是独具日本民族风格的一种形式：中心有大水池，池心岛有桥相连；池岸曲绕、山岛有亭、水边有桥，园中道路曲折回环联系，轩阁庭院有树木掩映，配石布置其间，花草树木极其丰富。枯山水式庭院则从抽象手法出发，意境幽远古朴，利用夸张和缩写的手法，创造出独特的民族风格：池面呈心形，池岸曲折多变，从置单石发展到叠组石，再进一步叠成假山，植树远近大小与山水建筑相配合。以白沙和拳石象征海洋波涛和岛屿，黑色象征峰峦起伏的山景，白沙耙出流淌的波纹以示"溪流"，高度概括出"无水似有水，无声寓有声"的山水意境。

③欧洲规整庭院：以古希腊为先驱，庭院内的花草树木栽植得很规整，梨、栗、苹果、葡萄、无花果、石榴和橄榄树等终年开花、结实不断，园中还留有生产蔬菜的地方；在院落中央设置有喷水池，其水法创作技艺对当时及以后的世界造园工程产生了极大的影响。从1784年发掘的庞贝古城遗址中，可以清楚地看到有明显轴线且方正规则的柱廊园布局形式：住宅围成方正的院落，沿周排列居室。中心庭院由一排柱廊围绕成边界，廊内墙面上绘有逼真的林泉或花鸟，利用人的幻觉使空间产生扩大的效果；园内中央有喷泉和雕像，四处有规整的花木和葡萄篱架。古罗马的庭院极为规整，绿地装饰已有很大的发展，如图案式的花坛、修饰成形的树木、迷阵式绿篱，园中水池更为普遍。

英国民族传统观念对大自然的热爱与追求，形成了独特的绿化风格。14世纪开始改变古典城堡式庄园，转成与自然结合的"杜特式"庄园：利用起伏的地形与稀疏的树林、绿茵草地以及河流或湖沼，构成秀丽、开阔的"疏林草地风光"；庄园的细部处理也极尽自然格调，如用有皮木材或树枝作棚架、栅篱或凉亭，周围设木柱栏杆等。18世纪的工业革命使人们更为热爱自然、重视自然保护，当时英国生物学家也大力提倡造林，文学家、画家发表了较多颂扬自然森林的作品，出现了浪漫主义思潮；加上受中国绿化等启迪，绿化师注重从自然风景中汲取营养，逐渐形成了自然风景园的新风格。

第7章
乡村绿化的植物选择

7.1 生态特性的基础知识

在纷繁多姿的植物资源中，有些种类能适应多种不同的自然气候及土壤环境条件，在世界各地普遍分布，被称为"广布种"，如柳、柿树、槭树、水杉、怪柳、绣线菊等，这类树木适应性强、容易引种栽培成功。有些树种要求较为严格的生态条件，仅局限于特殊环境中才能生长发育，称之为"窄域种"，如珙桐、羊角槭等。因此，搞清树种的原产地并了解其适应能力是绿化建植能否成功的关键，只有遵循"适地、适树、适法"的栽培原则，乡村绿化才能不带主观盲目性。

绿化树种在长期的进化过程中，形成了一系列与之环境生态条件相适应的形态特征和生理特性，衍生出千姿百态的种质资源，分布有迥然不同的生态类型。因此，正确了解绿化树种的栽培特性和生境要求，是直接关系到绿化树木建植成功与否、景观效益优劣如何的先决条件。

7.1.1 影响绿化树木生长发育的温度因子

决定树种自然分布的温度是绿化树木栽植的重要生存因子，是不同地域树种构成差异的主要原因之一；温度又是影响树木生长速度和景观质量的重要环境因子，对树体的生长、发育以及生理代谢活动有重要影响。树体生长发育在温度过高或不足时其过程均将受到抑制并出现异常，至生长发育温度最低点或最高点时则生理代谢过程完全停止，直至树体死亡。

（1）**基础温度**。树木生长所需的基础温度主要有年平均温度和生长季积温，树木的生态分布和气候带的划分主要以此为依据。在年生长发育周期中，树木自萌芽后转入旺盛生长期要求的温度较高，落叶树种为 $10 \sim 12℃$，常绿树种为 $12 \sim 15℃$。绿化树种对环境温度热量的要求与其原生地的气候条件有关：如原生于北方的落叶树种萌芽、发根都要求较低的温度，生长季的暖温期也较短；而原生热带、亚热带的常绿树种生长季长，能适应炎热气候，生长季积温也高。

（2）**极端温度**。即绝对最低温度和绝对最高温度，是树种南移或北迁时能否成活的生存温度。由于气象因子的作用而导致温度的突然升高或降低，对树体生长十分有害，严重时甚至导致树体死亡。

①高温对树体的影响：高温对树体的危害，首先是破坏了光合作用和呼吸作用的平衡，叶片气孔不闭、蒸腾加剧，使树体"饥饿"而亡；其次是高温下的树体蒸腾作用加剧，根

系吸收的水分无法补充蒸腾的消耗，从而破坏了树体内的水分平衡，叶片失水、萎蔫，最终导致树木枯亡。另外，温带落叶树种移植至冬季温度过高的区域，树体生长因无足够的冬季低温条件不能及时进入休眠或按时结束休眠，难以完成正常的年生长周期，而影响翌年的生长发育。

②低温对树体的伤害：绿化树种的耐寒性是指树体能抵抗或忍受0℃以上低温的能力，而抗冻性则是指对0℃以下低温的适应能力。不同树木种类的抗寒能力差异很大，如椰子等热带树种在2～5℃就严重受冻，但起源于北方的落叶树种则能在-40℃以下低温条件下安全越冬。树木品种间的抗寒能力也不尽相同，如梅花中的优良抗寒品种美人梅，能耐-30℃低温，可在北京等地露地栽植。

低温伤害主要发生在早春、晚秋和寒冷的冬季，特别是早春温度回升后的突然降温对树体危害更严重。低温伤害的表现：一是冻害。即因受0℃以下低温侵袭，树体组织发生冰冻而造成的伤害。二是寒害。即受0℃左右低度影响，树体组织虽未冻结成冰但已遭受伤害。三是霜害。在秋季气温偏高的年份，树体抽生的晚秋梢易受早霜危害；而在春暖乍寒的年份，树体新萌的嫩梢易受晚霜侵袭。低温伤害的发生，其外因主要决定于降温的强度、持续的时间和发生的时期；内因则主要决定于树种的抗寒能力和树体当时的生长发育状态；树体的营养条件对低温的忍耐性有一定关系，如生长季（特别是晚秋）施用氮肥过多，树体因推迟结束生长，抗冻性会明显减弱，多施磷、钾肥，则有助于增强树体的抗寒能力。

7.1.2　影响绿化树木生长发育的光照因子

树体生长发育对光的需求强度，主要表现在光照强度、持续时间和光质三方面，与树种原产地的地理位置和长期适应的自然条件有关，是绿化树种建群分布的决定性生态因素。如生长在我国南部低纬度、多雨地区的热带、亚热带树种，对光的要求低于原产于北部高纬度地区的落叶树种。而阴性树种在全日照光强的1/10条件下即能进行正常光合作用，如落叶树种中的天目琼花、猕猴桃和常绿树种中的杨梅、柑橘、枇杷、云杉、水青冈等，光照强度过高反而影响其正常生长发育。

依据树木对光照强度及光周期等适应性的要求，可分为喜光性树种和耐阴性树种两大类。

（1）**喜光性树种**。又名阳性树种。光照充足时，枝叶生长健壮，树体生理活动活跃，营养状况正常；植株性状一般为枝叶稀疏、透光，生长速率较快，树体寿命较短。大多数落叶树种喜在全光照条件下生长，如悬铃木、银杏、白蜡、旱柳、垂柳、柽柳、榉、榆、榔榆、鹅掌楸、枫香、七叶树、栾树、无患子、梧桐、黄连木、乌桕、三角枫、喜树、薄壳山核桃、栗树、桑树、合欢、皂荚、刺槐、槐、香椿、楝树、重阳木、丝棉木、白玉兰、丁香、四照花、海棠、木瓜、杏、桃、梅、红叶李、樱花、柿、枣、无花果、山楂、枳、稠李、木绣球、荚蒾、锦带花、紫荆、木槿、木芙蓉、紫薇、石榴、榆叶

栾树

梅、金缕梅、珍珠梅、绣线菊、玫瑰、火棘、枸杞、胡颓子、茉莉、扶桑、连翘、金钟花、迎春、小叶女贞、红瑞木、紫藤、凌霄、葡萄等。雪松、马尾松、油松、黑松、五针松、翠柏、桧柏等具针状叶的常绿针叶树种及桂花等常绿阔叶树种，也为喜光的阳性树种。

（2）**耐阴性树种**。又名阴性树种。植株性状一般为枝叶浓密、透光度小，生长较慢，树体寿命较长。常绿阔叶树种及具扁平、鳞状叶片的常绿针叶树种多能耐受遮阴，在较弱的光照条件下良好生长，如：红豆杉、罗汉松、花柏、侧柏、龙柏、香榧、肉桂、杨梅、珊瑚树、蚊母树、南天竹、锦熟黄杨、山茶、十大功劳、八角金盘、桃叶珊瑚、海桐、冬青、栀子、杜鹃、常春藤，以及落叶阔叶树种天目琼花、棣棠、接骨木等。树种的耐阴性还随树龄和土壤条件有一定程度变化，一般情况下幼树较耐阴，在肥沃土壤上生长的树体耐阴性增强。

7.1.3 影响绿化树木生长发育的需水特性

水是树木生长发育的重要因子，树体的所有生理代谢活动都必须在水的参与下才能进行；水也是树体器官和组织的主要组分，枝叶和根部的水分含量约占50%以上。绿化树种在系统发育中形成对水分要求各异的生态类型，主要表现在对干旱、水涝的不同适应能力。

（1）**旱生类型**。树木对干旱的适应形式主要表现在两方面：一是具有小叶、全缘、角质层厚、气孔少而下陷等旱生性状，本身需水少并有较高的渗透压或发达的输导系统，如石榴、扁桃、无花果等；夹竹桃的叶具有复表面，气孔藏在气孔窝的深腔内，具有良好的抑制蒸腾作用的结构。二是具有强大的根系，能从深层土壤中吸收较多的水分供给树体生长，如葡萄、杏等。

抗旱力强的树种有马尾松、黑松、泡桐、白杨、刺槐、柳、桃、核桃、杏、石榴、枣、无花果、紫薇、夹竹桃、箬竹等，抗旱力中等的树种有栎、柿、樱桃、李、梅、柑橘、茶梅、珊瑚树、刚竹等。

（2）**湿生类型**。适应生长在雨量充沛、水源充足的水岸环境中，有的还能耐受短期的水淹；生态适应性表现为叶面积大、光滑无毛、角质层薄、无蜡层、气孔多而经常张开等。池杉、垂柳等在高湿土壤条件下生长会发生形态变异，如树干基部膨大、形成膝状根，产生肥肿皮孔、树干上生成不定气生根等。耐涝树种中，常绿类有卫矛、杨梅、夹竹桃、棕榈等，落叶类有池杉、落羽杉、水松、柽柳、垂柳、杞柳、枫杨、白蜡、皂荚、喜树、梨、山楂、木芙蓉、六月雪、枸杞、胡颓子、紫藤等。最不耐涝的是桃、梅、李、杏等核果类树种和具肉质根的玉兰科树种等，松树的耐涝性也极差。

树体的耐涝性与水中含氧状况关系最大。据试验：在缺氧死水浸淹条件中，无花果2天、梨9天、柿和葡萄10天以上，枝叶表现凋萎；而在流水中经20天，全未出现上述现象。高温积水条件下的树体抗涝能力严重下降，故夏季暴雨过后的及时排涝是十分重要的养护措施。

7.1.4 影响绿化树木生长发育的土壤条件

土壤是绿化树木建植的基础，树体在生长发育过程中要从土壤中吸收大量的水分和无机营养元素以保证正常的生理代谢活动，并通过生长在土壤中的根系来固定支撑其庞大的地上树冠。

（1）土壤物理性质。主要包含土壤厚度、质地、结构、水分、空气、温度等，是土壤通气性、保水性、热性状、养分含量高低等各种属性发生和变化的物质基础。质地适中、耕性好的土壤结构，在1～1.5米土层深度范围内为上松下实的土体结构，特别是在树木吸收根分布区的40～60厘米土层质地要疏松，心土层较坚实；这样的土壤结构，既有利于通气、透水、增温，又有利于保水、保肥。

树木种类对土壤通气条件的要求不尽相同。如可生长在低洼水沼地的越橘、池杉忍耐力最强；柑橘、柳、枫杨等对缺氧反应不敏感，可以生长在水畔；桃、李等最敏感，缺氧时最先出现死亡。土壤温度直接影响树木的根系活动，同时制约着土壤盐类的溶解速度、土壤微生物的活动以及有机质的分解和养分转化等，采取冠下种植地被植物或进行根际土壤覆草，可提供相对平稳的土壤温度，保护树木根系的正常生长。

（2）土壤化学性质。主要包含土壤酸碱度、无机营养元素、有机营养物质等。

① 土壤酸碱度划分：通常用pH表示，是影响绿化树种生态分布的又一主导因子：一般以pH4.5～5.5为强酸性，pH5.5～6.5为酸性，pH6.5～7.5为中性，pH7.5～8.5为碱性，pH8.5～9.5为强碱性。依据绿化树种对土壤酸碱度的适应性可分为以下种类。

喜酸性土树种：适生含铁、铝成分较多的土壤，pH5.5～6.5，如雪松、罗汉松、池杉、红豆杉、樟、广玉兰、白玉兰、枇杷、柑橘、杨梅、桂花、含笑、檵木、石楠、山茶、油茶、杜鹃、栀子、茉莉等。

枇杷　　　　　　　　　杨梅　　　　　　　　　柑橘

喜碱性土树种：适生含钙质较多的土壤，pH7.5～8.5，如侧柏、圆柏、合欢、乌桕、紫薇、臭椿、银杏、柳、梧桐、泡桐、皂荚、刺槐、槐、榉、榆、香椿、柿、枣、桑、石榴、海桐、紫荆、黄杨、胡颓子、杞柳等。

喜钙质（碳酸钙）土树种：有圆柏、侧柏、朴树、榆、臭椿、栾树、黄连木、乌桕、君迁子、棠梨、山楂、三角枫、五角枫、锦鸡儿、南天竹、卫矛等。

② 土壤酸碱度调节：一般说来，江苏省苏南地区土壤的pH偏低、多呈酸性，苏北地区土壤的pH偏高、多呈碱性，土壤酸碱度的调节是一项十分重要的栽培管理工作。目前，土壤酸化主要通过施用有机肥、生理酸性肥、硫黄粉等释酸物质进行调节。据试验，每667米^{2}施用30千克硫黄粉，可使土壤pH从8.0降到6.5左右；硫黄粉的酸化效果较持久，但见效缓慢。土壤碱化的常用方法是施加石灰、草木灰等碱性物质，但以施加石灰较普遍；调节土壤酸度的"农业石灰"是碳酸钙粉（石灰石粉），而并非工业建筑用的生石灰，生产上一般以300～450目的细度较适宜。

③ 土壤有害盐类：以碳酸钠、氯化钠和硫酸钠为主，其中以碳酸钠的危害最大。土壤有害盐类妨碍树木生长的极限浓度是：硫酸钠0.3％，碳酸钠0.03％，氯化钠0.01％。树体受害轻者，生长发育受阻、表现枝叶焦枯，严重时整株死亡。

江苏省北部沿海地区土壤盐碱化较为严重，选择耐盐碱树种是改善乡村绿化建植的根本出路。黑松树形高大美观，是唯一能在盐碱地进行绿化建植的松类观赏树；抗含盐海风和海雾，可作沿海地区的荒山、海滩造林用。柽柳能在含盐量0.5％的盐碱地生长，叶能分泌盐分，有降低土壤含盐量的突出效能。苦楝在含盐量0.4％左右的土壤上造林良好，一年生苗能忍受含盐量0.6％的土壤，是盐渍土区不可多得的绿化树种。白蜡树在含盐量0.2％～0.3％的盐碱地能生长良好。沙棘可在pH9的重碱性土以及含盐量达1.1％的盐碱地上生长。小叶女贞是优良的耐盐常绿地被树种。无花果在轻盐碱土上生长茂盛。特别耐盐碱的枸杞为沿海重盐碱地区优良绿化树种。单叶蔓荆等喜生海滨沙滩地及海水经常冲击的地方，是极优良的耐盐碱地被植物。

7.2 绿化树种的选择原则

7.2.1 生态习性选择是绿化树木建植的首要遵循原则

树种的生态习性选择是乡村绿化的重要环节，直接关系到绿化工程的质量及其生态环境效应的发挥。树种选择合理，不仅可大大提高绿化、美化效果，更可以节约建设投入与以后的管理养护费用；但如果选择不当，树木栽植成活率低、后期生长不良，不仅影响观赏特性的正常发挥，同时也难以发挥其保护环境及维持乡村生态系统平衡的作用。

首先，要根据当地的气候环境条件选择适于栽培的树种，特别是在经济和文化比较薄弱的农村尤显重要。我国大部温带地区推荐使用的优良落叶树种，乔木类有银杏、枫香、鹅掌楸、南酸枣、槐等，灌木类有樱花、红叶李、锦带花、紫荆、红叶小檗等；优良常绿树种，乔木类有樟、含笑、女贞等，灌木类有石楠、黄杨、杜鹃等。

其次，要根据当地的土壤环境条件选择适于建植栽培的树种。土层厚度和树体根系发育则关系到树体的抗风能力强弱，柳、悬铃木等浅根性树种易被大风吹倒，在台风频发的沿海地区作绿化建植时应严加注意。土壤湿度对绿化树种的建植至关重要，池杉和水杉二者大相径庭的耐湿性能常会迷惑住功力不深的新手；而柑橘、杨梅等大多常绿绿化树种对空气湿度有一定要求，也必须加以妥善关照。优良的南方常绿树种香樟在北扩以后出现的树冠黄化现象主要为土壤偏碱缺铁所致，而适应性较强的槭树、紫薇、绣线菊等在各类土壤中均能良好生长。

第三，要根据树种对太阳光照的需求强度，合理安排建植使用场所。八角金盘、熊掌木等灌木状的耐阴树种，宜作为林地下木配植，特别适宜于建筑背阴面、林地深处等光照条件严重缺乏的庇荫处栽植，可以其独特的生理优势来丰富绿地的层次空间，提高环境生态效益。

7.2.2　乡村绿化规划设计中的树种选择基本原则

（1）**目的性原则**。绿化树木的观赏特性是植物造景的基本要素，主要由树形、叶色、枝干和花果的形状、色泽、香气等要素构成。鉴于当前人居生态环境的严峻形势，要特别注意改变以往只注重观赏效果、过分强调观赏植物造景的做法。从充分发挥树木的生态环境价值、保健休养价值、游览娱乐价值、文化美学价值、社会经济价值等方面综合考虑，有重点、有秩序地以不同植物材料组织空间，在改善生态环境、提高居住质量的前提下，满足其多功能、多效益的目的。

（2）**适应性原则**。在一般情况下，对绿化树木的选择均受生态因子的影响。对某一特定区域来说，虽然可以满足目的性要求的树种较多，但它们未必都能适应该地的栽培条件，因此必须进一步筛选，做到"适地适树"：就是使栽植树种（或品种）的生态学特征与栽植地的立地条件相适应，即选择合适的树种以适应当地自然条件的种植。

（3）**经济性原则**。在能够满足目的性和适应性的种质资源基础上，为尽可能减少施工与养护成本，应选择苗木价格低、移栽成活率高、养护费用较低的树种或品种，并尽量在与栽植区生态条件相似的地区选择树苗；如果确实需要从外地调运苗木，必须细致做好苗木包装保护工作，严防根系失水过度，影响定植成活率。除低成本外，对于一部分绿化树木的栽培来说，经济实效性还体现在所选树种在提高社会效益、生态效益的同时，能够兼顾市场需求，具有一定的经济开发前景。

7.2.3　乡村绿化树种的工程特性选择

（1）**管护成本**。每个绿化树种在特定的环境及管理条件下都有各自的优点和缺点，因此选择树种时要考虑预期功能与管护成本的关系。例如，有些树种生长过快需频繁修剪，有些树种对水分要求过高需经常灌溉；有些树种极易遭受病虫害的危害而防治工作量大，而有些树种其木质部强度较低容易受到损伤而必须加强管护。如果养护经费上不能保证，那么宁可舍弃虽景观效果好但投入量大的树种，而改选具有相似美学特性的易养护树种，如此才能确保绿化群落的稳定并发挥预期的功能。

（2）**根系特性**。根为植株生长提供依附、支撑功能，对植物抗风起相当作用。不同树种根系分布习性不同，例如白蜡、榆暴露在地表的根比栎类要多；浅根的大树易风倒，还会抬高表层土壤，造成对地表铺装与建筑物的破坏。柳、白杨等树种根系因扩展迅速而容易损害乡村的地下设施，能穿过下水道管内的裂缝、并很快形成纤维状的大块根堵塞管道，由此澳大利亚水利工程法规曾列出100种禁止在离下水道2米内栽植的乔灌木树种。

（3）**观赏特点**。主要指树形以及叶、花、果的观赏效果。不同形状、颜色的树叶丰富了树木的观赏性，目前绿化建设中流行运用金叶女贞、紫叶稠李、紫叶黄栌、花叶复叶槭等彩叶树木，大多自国外引种。观花、观果的树木历来是绿化的首选树种，但有些植物的花易引起过敏反应，有些浆果招惹鸟类而使树下的环境很脏乱，还有些果实破碎后很臭或者难以清除，这些都应成为树种选择的考虑因素。例如银杏，抗污染、病虫害少、适应性广，更因其树形优美、秋季叶色金黄，一直是绿化树木中的珍品；但在美国树木价值评价体系中，雄株要比雌株的价值系数高2倍，原因就是雌株的种实落地后假果皮腐熟时散发难闻的气味，故招致居民的抱怨而不得不更新，错误的选择成为环境绿化的不稳定因素。

（4）**生态功能**。不同树种的生态功能有很大的差异，主要取决于树冠的大小、叶量的多少以及树木的生长与生产特点。厚的、有蜡质的叶能提高植物抗旱能力，大而稠密的叶能提供良好的遮阳并有良好的降尘作用；特别应注意的是，有些树木因释放易挥发性有机物而导致臭氧和一氧化碳的生成。据报道：枫香属、悬铃木属、杨属、栎属、刺槐属和柳属树种的异戊二烯释放速率最高，是选择树种时必须考虑的一个方面。

7.3　乡土树种与外来树种

乡村绿化怎么做才能达到生态宜居，乡土树种和外来树种的选择很重要。城市化进程的快速推进，导致乡村绿化中的乡土树种和外来树种选择问题日益突出：一方面，引进外来树种能够丰富当地的树木种类，使村民在休闲时可以观赏到平时不易见到的树种；另一方面，外来树种对生长条件、环境等要求较高，栽培的养护成本也相对较高。目前普遍存在大量引用外来树种以及跨地带种植的现象，不仅在经济上造成了极大浪费，对物种的生态平衡也会造成一定的破坏。乡村绿化树种选用不应一味求新、求变，更不应该在新植树木还没有成荫时就频繁更换树种，致使树木在乡村绿化中的生态功能迟迟不能完美体现，只剩下空有其名的"书面成果"数据体现。

乡村绿化树种选择应以生长效果好、经济效益较高的乡土树种为主，优先选用代表地方特点的风景树种、经济树种和绿化树种，慎重引进优良树种，避免未经引种栽培试验就大规模引进外地树种乃至国外树种的盲目行为，以更好体现优美的绿化景观。乡村绿化建设既要注重景观效应又要有生态效应，这就决定了外来树种和乡土树种的应用必须齐头并进、各自发挥功效：外来树种的景观效果明显，而乡土树种的适应性好、生命力强，可凸现本土特色、增加自然野趣；多树种的组合造林，实现了自然物种的多样性，能发挥森林的"自养"功能，构筑稳定的生态群落，提高抗病虫害和自然灾害能力、稳定当地的自然植被，养护管理成本较低。

7.3.1　乡土树种

所谓乡土树种，是指未经人类作用引进的区域性分布树种，是本地区土生土长的地带性树种；广义上也可以包括某些经过驯化已在当地长期栽培，并且完全适应当地气候条件的生长良好的外来树种。乡土树种是经过长期的优胜劣汰、自然竞争后才留存下来的，对当地的环境条件适应性强、生长健壮，能发挥最大的生态环境效益。在丰富的乡村绿化树木资源中，乡土树种最能适应当地的自然生长条件，不仅能达到适地适树的要求，保证其健康成长、扎根成荫；而且还代表了一定的植被文化和地域风情，是最能够反映地域特征的文化要素之一：从乡村的植物景观配植上，不仅能看出她的性格特征和身份象征，同样能看出她的文化精神或地域特色。

我们提倡乡土树种的回归，因为它是宝贵的区域性生物资源，与引进树种相比具有较强的抗逆性，栽植后的养护工作更为简易有效；此外，乡土树种的种苗基地与栽植地距离相对较近，可以做到随起随运随栽，不仅加大了实际工作的可行性，也可节约自然资源及社会资源。特别是银杏、香樟、紫薇等地方特有古树名木，既是生态资源、绿化资源，又是科普资源、文化资源、旅游资源，必须保护利用好。

常见优良栽培树种有：

桃（*Prunus persica*）：蔷薇科，李属。落叶小乔木，树高达8米。小枝红褐色或褐绿色，无毛；芽密被灰色茸毛。叶椭圆状披针形，光滑无毛。花单生，近无柄，粉红色。花期3～4月，叶前开放。原产我国，华北、华中、西南等地区现仍有野生桃分布。喜光，耐旱，喜夏季高温。碱性土及黏重土均不适宜，喜肥沃而排水良好土壤，不耐水湿，如水浸3～5天，轻亦落叶、重则死亡。耐寒力强，除酷寒地区外均可栽培，但仍以背风向阳处为宜。开花时节怕晚霜，忌大风。根系较浅，寿命一般只有30～50年。桃花烂漫芳菲、妩媚可爱，盛开时节"桃之夭夭，灼灼其华"，加之品种繁多、栽培简易，故南北乡村皆多应用，水畔、石旁、墙隅、庭院、山地、草坪俱宜，只须注意选阳光充足、地势高燥处；且注意与背景之间的色彩衬托关系，中国绿化中习惯与柳间植以形成"桃红柳绿"之景色，配植时注意适当加大株距为妥，以避免柳树过于遮光。桃树栽培历史悠久，品种多达3 000以上。其中观花桃类俗称"碧桃"，常见变型：碧桃（f. *duplex*），花淡红，重瓣。白碧桃（f. *albo-plena*），花白色，复瓣或重瓣。红碧桃（f. *rubro-plena*），花红色，复瓣。复瓣碧桃（f. *dianthiflora*），花淡红色，复瓣。洒金碧桃（f. *varsicolor*），花复瓣或近重瓣，白色或粉白色；同一株上花有二色，或同朵花上有二色，乃至同一花瓣上粉、白二色。垂枝碧桃（f. *pendula*），枝下垂。绛桃（f. *camelliaeflora*），花深红色，复瓣。绯桃（f. *magnifica*），花鲜红色，重瓣。紫叶桃（f. *atropurpurea*），叶紫红色；花单瓣或重瓣，淡红色。寿星桃（f. *densa*），枝矮小紧密、节间短，花多重瓣，有红寿星桃、白花寿星桃等类型。

榆（*Ulmus pumila*）：又名白榆。榆科，榆属。落叶乔木，树高达25米。树冠圆球形，树皮暗灰色。早春先叶开花，簇生于二年生枝上，翅果近球形。主产我国东北、华北、西北，南至长江流域。喜光，耐寒。不耐水湿，喜排水良好土壤。耐干旱、瘠薄和轻盐碱。萌芽力强，耐修剪。主根深，侧根发达，抗风固土能力强。榆树高大通直、绿荫浓郁，为著名的行道树，亦宜选作庭荫树应用。在干旱、瘠薄、寒冷之地常呈灌木状，可修剪成绿篱；老茎萌芽力强，为制作树桩盆景的优良树种。

秤锤树（*Sinojackia xylocarpa*）：又名捷克木。野茉莉科，秤锤树属。落叶小乔木或灌木，树高3～7米；枝直立而稍斜展，冬芽密被深褐色星状毛。单叶互生，椭圆形，边缘有细锯齿，叶柄短。花期4～5月，聚伞花序腋生，3～5朵组成总状花序，生于侧枝顶端；花白色，花梗长，顶有关节。果熟期10～11月，坚果木质、下垂，宽圆锥形、具钝或尖的圆锥状喙，有白色斑纹，熟时栗褐色、密被淡褐色皮孔。原产我国，分布局限于南京幕府山、燕子矶、江浦县老山及句容县宝华山，生于海拔300～400米丘陵山地。主要的伴生树种有麻栎（*Quercus acutissima*）、黄连木（*Pistacia chinensis*）、白鹃梅（*Exochorda racemosa*）等。具有较强的抗寒性，能忍受−16℃的短暂极端低温，江苏、浙江、湖北、山东等地有栽培。性喜光，幼苗、幼树不耐庇荫。不耐干旱瘠薄，忌水淹。秤锤树是由中国著名植物学家胡先骕教授于1928年发表的中国特有植物树种，也是我国植物学家发表的第一个新属，模式标本为世界著名的蕨类植物分类专家秦仁昌先生于1927年在南京幕府山采集；自然分布区十分狭窄，国家二级保护濒危树种。枝叶浓密、色泽苍翠，初夏白花灿烂、高雅脱俗；落叶后，宿存下垂果实，宛如秤锤满树、颇具野趣，为优良的观花、观果树木。适合于山坡、林缘和窗前栽植。园林中可群植于山坡，与湖石或常绿树配植，尤觉适宜，也可盆栽制作盆景赏玩。

无患子（*Sapindus mukorossi*）：又名圆皂角、菩提子。无患子科，无患子属。落叶或常绿乔木，树高达25米。枝开展，小枝无毛，密生多数皮孔。冬芽腋生，外有鳞片2对。偶数羽状复叶互生，革质；小叶8～12枚，广披针形或椭圆形。花期6～7月，圆锥花序顶生及侧生；花杂性，花冠淡绿色，5瓣。果期9～10月，核果球形，熟时黄色或棕黄色；种子球形、坚硬、黑色。原产中国长江流域以南各地以及中南半岛各地，印度和日本有栽培。喜光、稍耐阴，可耐−10℃低温。深根性，抗风力强、耐干旱。对土壤要求不严，萌芽力强，生长快、寿命长，对二氧化碳及二氧化硫抗性很强，是生态绿化的首选树种。无患子枝叶广展、绿荫稠密，金秋10月，果实累累、叶色橙黄，是优良的观叶、观果树种，三五成丛作庭荫树栽植或孤植为园景树栽植均适宜。果实蕴含天然护肤成分，具有抑菌、去屑、防脱、美白、去斑、滋润皮肤的作用，自古以来是中华民族传统的洗护珍果；阿魏酸是科学界公认的美容因子，能改善皮肤质量，使其细腻、光泽、富有弹性；果酸能去除堆积在皮肤表层的老化角质，加速皮肤更新；水溶性物质茶多酚能清除面部油脂，收敛毛孔，减少日光中紫外线对皮肤的损伤等。在我国台湾省，无患子洗护用品的使用已很流行。在印度、美国，无患子已被开发利用到日常生活和医疗上。

无患子

7.3.2 外来树种

外来树种指经人类作用引进的区域性分布树种，广义的外来树种指本地区分布以外的所有引入栽培资源，而狭义的外来树种则专指从国外引进栽培的树种，其中有些经千百年的驯化适应已融入乡土树种的范畴。

我国树木引种的历史悠久，如悬铃木在公元401年从欧洲引进到西安，核桃也是早在西汉时期从西亚引进的，许多其他针、阔叶树也都在19世纪末、20世纪初由国外引入。如：20世纪以来先后引进柏科的许多树种，至今保存2属52种4变种，表现最好、栽培面积较大的是柏木属、扁柏属和圆柏属的10余个种：日本扁柏已成为长江中下游各省（自治区、直辖市）中高山地带的优良造林树种，铅笔柏在北亚热带和暖温带湿润地区栽培较广，欧洲刺柏和铺地柏在北方一些城市广泛用作绿化树种，北美香柏、日本花柏和日本香柏为华东、华中地区的常用绿化树种。再如，温带地区的速生阔叶树种杨树：1949年前主要引进钻天杨、箭杆杨、加杨和少量的欧美杨；中国林业科学研究院于20世纪50～70年代先后从波兰、德国、罗马尼亚、苏联、法国、意大利等17个国家引种栽培72/58、I-69/55等杨树良种及其无性系计331个，从中选出一批速生杨树品种。南京林业大学从引入的美洲黑杨中选育出优良无性系，在黄淮流域大面积栽培。

（1）引种驯化给人类带来的利益。随着社会经济的蓬勃发展和人居环境建设水准的提高，外来树种的引入种类和数量也水涨船高，为我国城乡绿化景观提升做出了杰出贡献，有些已成为农业产业结构调整中的生力军和城乡绿化中的主力军。首先是迅速而有效地丰富城乡绿化植物的种类，与创造新品种比较起来所需时间短、见效快，节省人力物力；特别是野生植物的引种驯化以及子遗植物和其他珍稀濒危植物的引种，更具有深远的经济、社会效益。其次是可以迅速而有效地扩大优良品种的栽培应用，在其自然分布或栽培范围内实行集约化生产或观赏种植。

常见优良栽培树种有：

刺槐（*Robinia pseudoacacia*）：又名洋槐。蝶形花科，刺槐属。落叶大乔木，树高可达10～20米。树皮褐色，深纵裂；小枝光滑，有托叶刺。无顶芽，奇数羽状复叶互生，小叶9～19枚。花期4～5月，总状花序下垂，蝶形花冠白色，有芳香。果期9～10月，荚果扁平、条状，腹缝有窄翅。原产北美洲温带及亚热带，1601年引入欧洲，我国于1877年由日本引入辽宁铁岭以南栽培，现以黄河中下游和淮河流域为栽培中心。喜温暖气候，不耐严寒；喜光，不耐阴。耐干旱瘠薄，但不耐水渍，土壤水分过多时常发生烂根和紫纹羽病，以致整株死亡。对土壤适应性强，在含盐量0.3%以下的盐碱土上都能正常生长发育，但在底土过于坚硬黏重、排水通气不良的薄层土上生长不良。刺槐树高冠浓、花香蜜甜，冬季落叶后疏朗向上、剪影造型的枝条有国画韵味，可作为行道树、林荫树；主根不发达，一般在距地表30～50厘米处发出粗壮侧根，深可达1米以上；水平根系分布较浅，多集中于表土层50厘米内，放射状伸展交织成网状。萌芽性强，生长快（世界上重要的速生阔叶树种之一），根瘤有提高地力之效，是立地条件差及荒山造林的先锋树种，宜营造防风、固沙及堤岸防护林。刺槐花粉品质优良，是高级蜜源植物并能提炼芳香油，可结合城郊绿化及农田林网改造广为应用，增

刺槐

乡村绿化
Xiangcun lühua

加经济收益。栽培品种：红花刺槐（'Decaisneana'），呈小乔木状，小叶7～25枚，花期5月，花冠红色。金叶刺槐（'Frilis'），枝刺小或无。小叶7～19枚，叶片硕大（是普通刺槐的2～4倍）。春季叶色为金黄色，至夏季变为黄绿色，秋季变为橙黄色，叶色变化丰富，极为美丽。树形美观，叶色艳丽，既可作庭院荫树、行道树，又是点缀草坪、风景区的良好树种，是适应性极强的多用途树种，具有较强的市场竞争力和潜力，其经济效益、生态效益和社会效益都相当显著。

金枝槐（*Sophora japonica* 'Golden Stem'）：又名黄金槐。蝶形花科，槐属。落叶乔木，树高达25米。初生茎枝淡黄绿色，入冬后转黄色；二年生茎枝金黄色，皮光滑。奇数羽状复叶，小叶7～17枚对生。顶生圆锥花序，花黄白色，花期6～9月。原产韩国，我国于1998年引种栽培，区域适应范围广。喜光及温暖湿润气候，耐寒性较强。土壤适应性强，在石灰质及轻盐碱土上也能正常生长，但不耐贫瘠和水涝。金枝槐树干端直，枝繁叶茂，树冠开张，姿态苍劲。从秋季开始到春季萌芽期，枝条有近5个月的时间为金黄色；特别是在隆冬季节，茎枝金黄鲜亮，格外醒目；4月以后枝条逐渐转绿。

香花槐（*Cladrastis wilsonii*）：又名五七香花树、富贵树。蝶形花科，香花槐属。落叶乔木，树高达16米。树皮褐至灰褐色，光滑。奇数羽状复叶互生，小叶7～11枚，椭圆状卵形至长圆形，叶柄凸出不易脱落。5月中旬、7月中旬两度开花，粉红色，有浓郁芳香；不结实。原产西班牙，于近年引入我国。喜温暖而湿润的气候，能抵抗−25℃低温。对土壤适应性强，从海滨至海拔2 100米山区均能生长。长势旺盛、根系发达，在瘠薄干旱的山地生长优于刺槐。香花槐树形优美、枝叶繁茂，花簇靓丽、花香典雅，一身天地灵气，颇富木本花卉之风采，是著名的集绿化、美化、净化、观赏于一身的优良香花树种；花朵大、花形美、花量多、花期长，芳香典雅、独具特色，春天移植、当年开花，是优良的蜜源树种。对多种有害气体抗性强、抗烟尘，是城乡风景区绿化的珍品。萌蘖快、枝繁叶茂，又是营造速生丰产林、防护林、薪炭林的主要树种；根系发达，且耐寒、耐旱、耐盐碱、抗病虫，是华北、西北地区防风固沙、水土保持的优良树种。扦插、嫁接成活率较低，埋根是快速繁殖的主要方法；苗木移植不需带土，移栽成活率95%以上。

紫穗槐（*Amorpha fruticosa*）：又名锦槐、紫花槐。蝶形花科，紫穗槐属。落叶丛生小灌木，株高1～2米。奇数羽状复叶，小叶11～25枚，椭圆形或披针状椭圆形，两面有白色短柔毛。花期5～6月，穗状花序集生于枝条上部；花冠紫色，旗瓣心形，没有翼瓣和龙骨瓣；雄蕊包于旗瓣之中，伸出花冠外。果熟期9～10月，荚果下垂、弯曲，棕褐色，有瘤状腺点。原产北美，21世纪初经日本引入我国东北，现在已发展到华北、华中、西北和长江流域地区，近几年在广西及云贵高原也引种栽培。阳性树种，耐寒、耐水湿、干瘠和轻盐碱土，抗风沙，在荒山坡道公路旁、河岸、盐碱地均可生长。紫穗槐根系发达，具有良好的防风固沙、保持水土等生态功能，花色紫艳、花期长久，是公路绿化、边坡加固的优良观赏树种。根瘤菌多，可减轻土壤盐化，增加土壤肥力，种植5年后地表10厘米土层含盐量下降30%以上。萌芽性强，叶量大，粗蛋白的含量为紫花苜蓿的125%；新鲜饲料虽有涩味，但对牛羊的适食性很好，是畜牧养殖业发展的高效饲料植物，是乡村开展多种经营的优良树种。

（2）外来树种引入栽培的注意事项。引种驯化是一项复杂的综合性工作，也是一个长期的过程。引种的树木必须经受栽培区较长时间的考验，才能确定是否能推广种植。

①反对盲目引种：引种应有明确的目标，所选树种确有优点而当地无替代者，如经济效益超过当地树种或能提供当地树种不能提供的珍贵产品、具有某些特殊的优良性状等。除上述目的外，引种前还必须考虑引种对象引种栽培的难易程度，避免过高成本投入，更好地发挥生态效益。

②提倡慎重推广：引种宜逐步进行，切不可盲目进行大面积的推广种植。应先建立引种预试圃进行栽植试验，鉴定引进树种的适应性；再在品种比较圃中选择优良个体进行区域性栽培试验，列出最适栽培区和一般栽培区。引种同时可结合在大量群体中进行品种选育，以加快推广应用进程。

③加强栽培管理：对于引种驯化区的树木要格外精心管理，为引种树木提供良好生长环境。主要栽培措施包括：细致整地、施足基肥以改善土壤的物理及化学性状，合理灌溉以提高土壤保水和透气性能，及时追肥、协调营养、防治病虫、精心管护。

7.4 常用绿化树种简介

绿化树木的种类繁多，形态丰富，既有参天伴云的高大乔木，也有高不盈尺的矮小灌木，且常绿、落叶相宜，孤植、丛植可意，看似随意洒脱、信马由缰，意却主题鲜明、功能清晰。松柏类针叶树种，青翠常绿、雄伟庄穆、孤植清秀、列植划一；常绿阔叶树种，雍容华贵、绿荫如盖、独立丰满、群落浩瀚。古人云，"松骨苍，宜高山，宜幽洞，宜怪石一片，宜修竹万竿，宜曲涧粼粼，宜塞烟漠漠"，其对松、竹观赏特性的真知灼见，令人钦佩。绿化树木景观建植中花果木树种配植，花开满树、灿若云霞，果挂满枝、形若珠玑，春来做报时的使者，秋至当时节的代言。春之玉兰、牡丹，夏之石榴、凌霄，秋之紫薇、丹桂，冬之蜡梅、油茶，一年四季可谓花事不断、花容长驻、园景月新。

7.4.1 园景树

园景树是树木景观建植中种类最为繁多、形态最为丰富、景观作用最为显著的骨干树种，孤植如独木撑天，给人以力的启迪，群置似峰峦叠嶂，给人以美的震撼。从广义上讲，大凡绿化树种均有增添绿化景观的作用，但究其主要绿化功用，在狭义范围内的园景树，其景观效应更强烈、应用原则更灵活：姿形奇特、冠层分明的松柏，悬崖破壁，昂首蓝天；枝繁叶茂、盘根错节的杜鹃，穿石钻缝，花若云锦；攀岩附石的藤木，凌空飘翠，一派生机。竹的清姿脱俗，如同一泓清泉，滋润着人的心灵；棕榈的秀景雅丽，带来一片南国的风光，激励着人的斗志。

（1）观形树种。树形是绿化造景的基本因素之一，不同树形的树木精心配置，就会产生丰富的层次感和韵律感，构成美丽、协调的画面。人们可根据群体构图需要和与周围建筑物等环境协调的原则选择具有不同树形的树木，例如：雪松、水杉、池杉等尖塔形、圆锥形的树给人以庄严肃穆的感觉，龙爪槐、金枝垂榆等垂枝类树有优雅婀娜的风韵。

常见优良栽培树种有：

雪松（*Cedrus deodara*）：松科，雪松属。常绿乔木，树高达50米。树冠塔形，树皮深灰色。大枝不规则轮生，小枝微下垂，具长短枝。针叶幼时有白粉，簇生于短枝顶端，在长枝上螺旋式排列。雌雄异株，花期10～11月，球果翌年9～10月成熟，种子三角形。原产喜马拉雅山西部，自阿富汗至印度，现我国长江流域均有栽培。喜温暖、湿润气候；喜光，稍耐阴。怕积水、耐旱力较强，要求在深厚、肥沃和排水良好的土壤上生长。浅根性、易遭强风倒伏，抗烟尘和二氧化硫等有害气体能力差。雪松主干耸直、气势雄伟，侧枝平展、气度非凡，为世界著名的五大园景树种之一，孤植或丛植均佳。在公路两侧宽阔绿化带列植，气势威武，树姿凛然；用作行道树栽植，别具一格，自成特色。

圆柏（*Sabina chinensis*）：柏科，圆柏属。常绿乔木，树高可达20米。叶二型，鳞状叶交互对生，幼树多刺叶、3枚轮生。树冠尖塔形或圆锥形，老树广卵形或钟型。产我国东北南部及华北各省，粤北、桂北、云、贵、川及日本、朝鲜均有分布。抗寒性强，喜光，幼树稍耐阴。耐干旱瘠薄，在酸性、中性及钙质土壤上均能生长，为石灰质土壤地区的优良绿化树种。深根性，忌水湿。寿命长，千年古树常见。抗污染能力强，耐粗放管理，栽培用途广泛；但因其为梨锈病的中间寄主，注意不能在有梨树栽培的区域附近应用。园艺栽培品种甚多：龙柏（'Kaizuca'），乔木，树冠圆柱状。小枝略扭曲上升，裙枝不易枯。叶全为鳞状，密生，翠绿色。为著名的甬道树种，亦可作园景树和绿篱树应用。塔柏（'Pyramidalis'），小乔木，树冠圆柱形，枝向上直伸、密布，叶几乎全为刺状。长江流域栽培，可用于园景树或造型绿篱。

广玉兰（*Magnolia grandiflora*）：又名荷花玉兰。木兰科，木兰属。常绿乔木，树高达30米，冠卵状圆锥形。叶长椭圆形，革质，表面有光泽。花期5～6月，花大，白色，有芳香，生于枝顶。原产北美洲东部，我国长江流域以南地区广为栽培。喜光，喜温暖湿润气候，亦有一定的抗寒力，但长期−12℃低温则叶受冻害。喜肥沃、湿润而排水良好的酸性或中性土壤，在干燥、石灰质、碱性及排水不良的黏性土壤中生长不良。根系深广，抗风能力强，生长速度中等，抗烟尘及二氧化硫能力强，病虫害发生少。广玉兰枝茂叶浓、树姿雄浑，为不多见的叶、花兼赏型常绿阔叶树种，被广泛用于行道树、庭荫树和园景树栽植。广玉兰移植以春季3～4月芽萌动期带土球进行为宜，在不破坏树形的原则下适当疏枝摘叶并作裹干处理，以提高成活率。

锦带花（*Weigela florida*）：又名五色海棠。忍冬科，锦带花属。落叶灌木，株高3米，幼枝有柔毛。叶对生，椭圆形或卵状椭圆形，具短柄，表面脉上有毛、背面尤密。花期5～6月，1～4朵组成聚伞花序生于小枝顶端或叶腋，花冠漏斗状钟形，玫瑰红色、里面较淡。果熟期10月，蒴果柱状，种子细小。原产中国长江流域及其以北的广大地区，日本、朝鲜等也有。喜光、耐阴、耐寒，对土壤要求不严，能耐瘠薄土壤，怕水涝。萌芽力强，生长迅速，分株、扦插或压条繁殖。近百年来经杂交育种，选出百余园艺类型和品种，常见栽培的有：美丽锦带花，花浅粉色，叶较小。白花锦带花，花近白色，有微香。花叶锦带花，株丛紧密，株高1.5～2米，叶缘乳黄色或白色；花色由白逐渐变为粉红色，整个植株呈现白、红两色花，在花叶衬托下格外绚丽多彩。紫叶锦带花，叶带紫晕，花紫粉色。红王子锦带花，株高1～2米，枝条开展成拱形，嫩枝淡红色，叶色整个生长季为金黄色；花期4～10月，胭脂红色，艳丽悦目。毛叶锦带花，叶两面都有柔毛，花萼裂片交款、基部合生，多毛；花冠狭钟形、中部以下突然变细，外面有毛；花期4～5月，3～5朵着生于侧生小短枝上，玫瑰红或粉红色、喉部黄色。锦带花枝条细长柔弱、缀满红花，尽管花美却留不住春光，只留得像镶嵌在玉带上宝石般的花朵供人欣赏。花期正值春花凋零、夏花不多之际，花朵密集、花色艳丽，花期可长达一个多月，故为重要的晚春观花灌木之一，宜于庭院墙隅、湖畔群植，也可在树丛林缘作花篱，或丛植点缀于假山、坡地。

（2）观干树种。有些树种的枝干外皮具有特殊的颜色，在绿化景色中起到鲜明的观赏作用，如：白皮松的青白色且带有斑纹的树皮，梧桐的绿色干皮在秋季落叶后更为醒目；枝干具有特殊皮色的树种还有悬铃木、榔榆、楝木、木瓜、金枝槐、红瑞木等。

常见优良栽培树种有：

榔榆（*Ulmus parvifolia*）：榆科，榆属。落叶或半常绿乔木，树高达25米。树皮灰色、红褐色或黄褐色，平滑，老则呈圆片状剥落。叶较厚，窄椭圆形、左右不对称，基部楔形，单锯齿。花期8～9月，簇生叶腋。产长江流域以南，东至台湾、南至广东，喜温暖湿润气候。喜光，稍耐阴，中性至微酸性土壤及石灰岩山地。深根性，萌芽力强，耐烟尘。榔榆树冠卵圆形，干柯枝曲、树皮斑剥，为著名的桩景制作材料。

木瓜（*Chaenomeles sinensis*）：蔷薇科，木瓜属。落叶小乔木，树高达5～10米。干皮呈薄片状剥落，短小枝常呈棘状。叶革质，缘具芒状锯齿。花期4～5月，粉红色。果椭圆形，9～10月成熟。分布于陕西、山东、安徽、江苏、浙江、江西、湖北、广东、广西等地。喜温暖，抗寒性较强，喜光。要求土壤排水良好，不耐盐碱和低湿地。木瓜斑驳的干皮犹如迷彩服般鲜艳夺目，彩干景观效果十分奇特，丛植或片植均适宜。苏州拙政园有百年古树，霄木冲天；南京情侣园有百株片林，实为胜景。

三角枫（*Acer buergerianum*）：槭树科，槭树属。落叶乔木，树高达20米。树皮灰褐色，条片状剥落。单叶卵形，先端3裂。花期4月，伞房圆锥花序顶生。主产长江中下游海拔1 000米以下的山地平原（著名的南京"栖霞红叶"，即为三角枫景观），华北、华南、西南均有栽培。喜温暖湿润气候，稍耐阴。要求肥沃的酸性或中性土壤，萌蘖性强。同属种：五角枫（*A. mono*），树皮呈纵裂。单叶掌状五裂，裂片三角状卵形。主产东北、华北及长江流域，多分布于低山落叶阔叶林或针阔叶混交林中。喜凉爽湿润气候，稍耐阴，要求肥沃的中性土或钙质土。三角枫为深根性树种，树体端直、伞冠清秀、夏叶荫浓、秋叶火红，可作为行道树应用，营造林荫道的季相特色；亦可用于庭荫树和园景树，孤植可点缀庭院，丛植可烘托园景。

白皮松（*Pinus bungeana*）：松科，松属。常绿乔木，树高达30余米，树冠幼时塔形，老时圆头形。一年生小枝灰绿色，叶三针一束。球果圆锥状卵形，翌年9～11月成熟。陕西蓝田有成片纯林，华北、西北有分布，北京、庐山、南京、杭州、衡阳、昆明等地均有栽培。喜光，深根性；天然分布为冷凉的石山酸性土，在肥沃的钙质土及pH7.5～8的微碱性土上生长良好。白皮松为我国特有的三针松，世界少见的珍贵庭荫树种。树皮呈不规则鳞片状脱落，斑驳中露出的乳白色树干极为醒目，衬以虬枝碧冠，独具一格。自古以来配植于宫廷、寺庙及名园，百年以上的古树常见；陕西长安县温国寺内有株1 300年的古树，高逾25米、胸径1米余、冠幅15米多。

（3）观叶树种。绿化中最基本、最常见的色调是由树木的叶色烘托出来的。常绿树四季常青，尤其在万物萧疏的冬季，绿色给大地赋以生机；落叶树在早春吐展淡绿或黄绿的嫩芽，向人们报告大地在苏醒。利用树木叶片性状的季节变化给人以时光流逝的动感，要数秋红叶树种的表现最为波澜壮阔。我国自古以来就有秋赏红叶的习俗，南北各地佳境纷繁、气象万千：南京栖霞山，满山的枫香、槭树如火如荼、浓淡交织，且与常绿青翠的松柏交相辉映，更显色彩缤纷。苏州世称"万丈红霞"的天平山枫林，林海深处那400余株400年以上高龄的三角枫，霜叶渐红的演变过程由绿变黄、再而橙、终而紫；而攀至半山的"望枫台"观景，枫叶的色彩变化则是循序渐进，由顶部先红、渐次往下，远望如一抹红霞飘忽山间，又是一番奇观。

①季相彩叶树种：为绿化树木景观建植中树种类型最为繁多、色彩谱系最为丰富、生态景象最为显著、选择应用最为广泛的资源。秋色叶树种的主流色系有红、黄两大类别：秋叶金黄的著名树种有银杏、无患子、七叶树、石榴等，秋叶由橙黄转赭红的树种主要有水杉、池杉、落羽杉等，秋叶红艳的树种有枫香、丝棉木、重阳木、漆树、槭树、柿树、榉、乌桕、地锦等。

常见优良栽培树种有：

枫香（*Liquidambar formosana*）：金缕梅科，枫香树属。落叶乔木，树高达30米。叶互生，具长柄，宽卵形，掌状3裂。产于秦岭及淮河以南，喜光。多生于酸性土或中性土，稍耐旱。深根性、抗风、速生，萌芽性强。适应性强，对二氧化硫、氯气抗性强。枫香叶经霜转红、娇艳醉人，为著名园景树种，南京栖霞山深秋红叶景观即为此，孤植、丛植、群植均相宜，山间、瀑口、溪边、水滨无不可；与常绿树混交，秋色红绿相映，倍觉分明；而为纯林者，霜浸红叶，层林尽染，更为壮观。树干通直，树冠广卵形或略扁平，亦可作行道树。

鸡爪槭（*Acer palmatum*）：槭树科，槭树属。落叶小乔木，树高达10余米。树皮平滑，枝条青灰色，小枝常呈棕红色。单叶对生，掌状7裂，间或5～9裂。花期5月，花杂性，圆锥状伞房花序顶生，紫色。果10月成熟，翅展开呈钝角。产中国、朝鲜、日本。我国分布于长江流域各省，山东、河南、浙江也有分布。喜温暖湿润气候；喜光，耐半阴。深根性树种，喜深厚肥沃湿润的酸性土或中性土，石灰质土壤中也能生长。多生于海拔200～1200米的林缘或疏林中。鸡爪槭树形优美，春季萌发的新叶色彩变化繁多，更兼秋日红叶如锦，景观效果奇佳，为应用广泛的优良园景树种。孤植或丛植于屋隅、池畔、溪边、假山旁，点缀于草坪、山坡，更显嫣红多姿；若以常绿树种或山石为衬，则相映成趣。栽培变种：小叶鸡爪槭（var. *thunbergii*），叶较小，掌状7深裂，秋叶火红。栽培品种：红枫（'Atropurpureum'），又名红叶鸡爪槭，掌状叶7～9深裂，叶色常年鲜红或紫红色，观赏价值极高。羽毛枫（'Dissectum'），又名细叶鸡爪槭。叶形奇特，掌状叶深裂几达基部，裂片细窄如羽毛状。叶色橘红或绿色，甚为美观。红羽毛枫（'Dissectum Ornatum'），又名红细叶鸡爪槭，叶色红色或紫红。日本红枫（'Rubrum Atropurpureum'），株高4～8米，冠幅4～5米。枝红色横展；叶较小，猩红色，有蜡质、具光泽，夏季不灼伤，顶枝一直鲜红。叶片掌状，5～7深裂，春秋季节为鲜红色，仲夏变为棕红色，被誉为"四季火焰枫"。喜湿润气候，生长温度-25～35℃；适合于寒冷气候，华东、华北、西北等地区可室外栽培。耐盐碱，生长极迅速，是常规红枫生长速度的2倍。日本红枫因其树型小巧、叶片精致以及秋天艳丽的色彩而闻名，为目前用得最多的进口红枫品种，叶片落尽后，奇特极富观赏性的枝干为冬季绿化增添一景。

②常彩色叶树种：有些树种的叶片在整个生长期均有绚丽的色彩，如紫叶李、紫叶小檗、洒金珊瑚、金边黄杨等在绿化中能起到很好的点缀作用。不同树种叶片的大小、形状、萌芽期和展叶期也不尽相同，可根据人们喜爱和绿化构景需要加以选择；群植还可配置成大的色块图案，这是20世纪80年代以来在国内外绿化种植设计中的流行手法。

常见优良栽培树种有：

紫叶李（*Prunus cerasifera* var. *atropurpurea*）：又名红叶李。蔷薇科，李属，樱李的变种。落叶小乔木，树高达8米。小枝光滑。单叶互生，卵形，边缘具重锯齿。幼枝、叶片、花柄、花萼、雌蕊及果实均呈暗红色。花期4～5月，粉红色。喜阳，在庇荫条件下叶色不鲜艳。喜温暖、湿润的环境，耐寒性较强。根系较浅，有一定的耐湿性。对土壤要求不严，喜肥沃、湿润的中性或偏酸性土壤。早春萌芽早，萌枝力强，生长旺盛。紫叶李以叶色红艳著名，在其整个生长季中满树红叶摇撼，尤以春、秋两季更为美艳。宜配植在草坪角隅、分车道绿岛、建筑物旁、广场等处，可列植、丛植，若以常绿树作背景衬托，绿枝红叶，观赏效果更佳。

紫叶矮樱（*Prunus cistena*）：蔷薇科，梅属。落叶灌木或小乔木，株高2～2.5米，冠幅1.5～3米。枝条幼时紫褐色，当年生枝条木质部红色，老枝有皮孔。单叶互生，叶长卵形或卵状椭圆形，先端渐尖，叶缘有不整齐的细钝齿。叶面紫红色或深紫红色，叶背深紫红色。花期4～5月，花单生，中等偏小，淡粉红色或白色。原产于日本，我国近年来引种栽培。喜光，在半阴条件下叶色仍能保持紫红。喜温暖湿润气候，耐寒能力较强。土壤适应性强，在排水良好的沙壤土或轻质黏土上生长良好。有较强的抗病虫能力。萌蘖性强，耐修剪。紫叶矮樱树冠整齐，叶色红艳、色泽稳定，栽培适应性强、管理较简便，是近年来推广使用的优良色叶树种。片植景观效果显著，亦可用于色带或球状绿篱，亮丽别致。

荷兰黄枫　　　　红羽毛枫　　　　鸡爪槭

花叶锦带　　　　金边黄杨　　　　花叶扶桑

紫叶紫荆

红叶海棠

紫叶矮樱

银杏

紫叶榛子

（4）**观花树种**。又称花木，是指在花期、花色、花量、花形、花香等方面有突出观赏价值，主要用于构筑开花景观效果的绿化树木。按花期分：春花类的有玉兰、珙桐、樱花、海棠、辛夷、榆叶梅等，夏花类的有合欢、石榴、夹竹桃、锦带花、金丝桃、紫薇、六月雪等，秋花类的有木槿、栾树、槐、木芙蓉、桂花等，冬花类的有茶梅、蜡梅、油茶、结香、迎春等。按花色分：白色的有梨树、含笑、流苏、珍珠梅、木绣球、茉莉、栀子等，黄色的有鹅掌楸、金缕梅、云南黄馨、连翘、金钟花、棣棠等，红色的有碧桃、石榴、杜鹃、蔷薇等，紫色的有泡桐、紫荆、木槿、瑞香等，蓝紫色的有楝树、蔓长春花、假连翘、紫藤等，多色的有梅、紫薇、牡丹、月季等。

绿化树木的花器有着姿态万千的形状、五彩妍丽的颜色以及多种类型的芳香。玉兰、厚朴、山茶等花形大,远距离观赏价值高;栾树、合欢、紫薇、绣球等花虽小,但却构成庞大的花序,其效果也很好;特别要强调的是,群体美能使景观开阔并显气势恢宏,富有感官震撼力,尤适于风景区和大面积绿化坡地的景观规划,是突出绿化树木物象景观的良好场所。观花树种选择应用应考虑花开季节、延续时间,以创造四季花团锦簇的环境氛围。欧阳修《谢判官幽谷种花》云:"浅深红白宜相间,先后仍须次第栽。我欲四时携酒去,莫叫一日不花开。"不同花色的合理搭配,能显著提高其观赏效果,产生"赏花乃雅事,怡心又养性"之感。古人云:"用笔不灵看燕舞,行文无序赏花开。"兴致勃勃地欣赏花器的色、香、姿、韵,不仅可以陶冶情操、增添生活情趣,而且有益于身心健康。

观花树种的建植,在遵循其生态类型、景观功能等基本规律的原则条件下,最终由栽培用途来体现:不同树木种类的形态特征和生长习性,决定了它在绿地应用中的各自地位,如梅花岭、海棠坞、木槿轩、玉兰堂等;而同一树木种类在不同环境条件和栽培意图下,又可有多种功能的选择和艺术的配置。但有些树种因产生过多的花粉而污染环境,这也是要必须考虑的因素,特别是在人群密集的居住小区、学校、医院等地更应注意。

常见优良栽培树种有:

梅(*Prunus mume*):蔷薇科,李属。落叶小乔木,树高4～10米,树干褐紫色,有纵驳纹。叶广卵形至卵形,先端渐长尖或尾尖。花于冬季或早春叶前开放,淡粉或白色,有芳香。野生于我国西南山区,性好温暖耐稍潮湿的气候,黄河以南可以露地安全越冬。喜阳,忌在风口栽植。对土壤要求不严,在山地或冲积平原或微酸性土中均可正常生长,且颇能耐瘠薄土壤。畏涝,如种于土质过于黏重而排水不良的低地最易烂根致死。寿命长达数百年至千年,浙江天台山国清寺一株隋梅至今已1 300多年的高龄。梅分类复杂,品种繁多,主要变种:直脚梅(var. *typica*),枝条直上或斜伸,花蝶形,萼多紫。有单瓣、复瓣、重瓣多种类型,白、红、紫及红白相间条纹等多种花色。杏梅(var. *bungo*),枝叶俱似山杏与杏,开杏花型复瓣花,花色水红或玫瑰红。花期较晚,花托肿大,几无香味。抗寒性较强,系梅与杏或山杏之天然杂交种。照水梅(var. *pendula*),枝下垂,形成独特的伞状树姿。花开时朵朵向下,别有一番趣味。花型、花色变异基本同直脚梅。龙游梅(var. *tortuosa*),枝条自然扭曲如龙形。复瓣花蝶形,白色,现仅记载1个品种。樱李梅,仅1型,即美人梅,为紫叶李和宫粉梅(*P. mume* f. *alphandii*)的远缘杂交种,由法国于1895年育成,叶色如紫叶李,极美。1987年由美国加利福尼亚州引入,抗寒能力强,能耐-30℃极端低温。蝶形花,重瓣近20枚,瓣边起伏,花色浅紫至淡紫红,3月上旬先叶或同叶开放。抗旱、抗病虫能力强,栽培适应性广,我国大部地区均可栽种。梅为我国传统名花之一,干古朴苍劲,枝情影扶疏,花暗香浮动,意韵味无穷,自古至今深得所宠;最宜植于庭前、宅旁,孤植、丛植均美,群植"梅花绕屋"尤著。"岁寒三友"的构景,应以梅花为前景、松为背景、竹为客景,可收相得益彰之效。

樱花(*Prunus serrulata*):蔷薇科,李属。落叶乔木,树高10～25米。树皮暗褐色,光滑。叶卵形,背面苍白。花期3月,与叶同放;短总状花序,小花白色或淡粉红色、无香味。主产长江流域,但东北、华北以及朝鲜、日本均有分布,变种、变型甚多。有一定耐寒能力,但栽培品种在北方仍需选小气候良好处种植。喜光,适应性强。根系较浅,耐旱，忌积水，对烟尘、有害气体及海潮风抵抗力均较弱。樱花树姿洒脱开展，盛花期或玉宇琼花、堆云叠雪，或满树红粉、灿若云霞，为园景树选择应用中首屈一指的优美观花树种。常见变型：重瓣白樱花（f. *albo-plena*），花白色，重瓣。重瓣红樱花（f. *rosea*），花粉红色，重瓣。红白樱花（f. *albo-rosea*），花重瓣，花蕾淡红色，开后变白色。瑰丽樱花（f. *superba*），花甚大，淡红色，重瓣，有长梗。垂枝樱花（f. *pendula*），枝开展而下垂，花粉红色，瓣多至50枚以上。同属种或变种：东京樱花（P. *yedoensis*），花期4月，叶前或与叶同放；花常为单瓣，白色至淡粉红色、微香。原产日本，我国广为栽培，尤以华北及长江流域为多。喜光、耐寒，宜于山坡、庭院、建筑物前及园路旁栽植。春花满树灿烂，甚为美观，但花期很短，仅能保持1周左右。日本晚樱（var. *lannesiana*），花期4月中下旬至5月上旬，花大而下垂，重瓣，粉红至近白色或带黄绿色，芳香。原产日本，品种甚多，持续花期较长，娇艳动人，长江流域各地常见园景树或行道树栽植。

蜡梅（*Chimonanthus praecox*）：又名腊梅。蜡梅科，蜡梅属。落叶灌木，暖地半常绿。树高达3米，小枝近方形。叶卵状披针形、半革质，表面粗糙、背面光滑无毛。花单生，远在叶前（自初冬至早春）开放；花被外轮蜡质黄色、中轮带紫色条纹，具浓香。原产我国中西部的鄂、陕等省，性耐寒，长城以南各地乡村庭院中广泛栽培。喜光，略耐阴；耐干旱、忌水湿，在黏性土及碱地上生长不良。耐修剪，发枝力强，寿命可达百年以上。蜡梅花开于寒月早春，花黄似蜡、浓香四溢，为冬季观花佳品；更因其独特的风姿、奇异的韵味，加之象征吉祥富贵，故古今备受青睐，成为乡村绿化植物景观中不可或缺的冬季观花树种：苍干虬枝，花香芳馥，雅致清高，耐人观赏；既可孤植点缀构成小景，也可群植、片植形成梅山、梅海、梅苑等大型景观，更可培育成巧夺天工的盆景。蜡梅还是春节切（花）枝的上乘材料，在香港市场非常走俏。蜡梅油的价格和黄金等同，而用蜡梅花提炼的天然香精价格更是黄金的5倍。蜡梅实生苗或根蘖苗称为"九英梅"或"狗牙梅"，野生性状强、观赏性不高，多作为优良品种嫁接繁殖的砧木，在选择和应用时应倍加注意。赵天榜先生在《中国蜡梅》中载有4个品种群、12个品种型、165个品种，在花期、花形、花香及生长习性等方面也各有特点；花色既有纯黄、金黄、淡黄、墨黄、紫黄等黄色类型，也有银白、淡白、雪白、黄白等白色类型，花蕊亦有红、紫、洁白等。

山茶（*Camellia japonica*）：山茶科，山茶属。常绿小乔木或灌木，树高达10～15米。叶卵形或椭圆形，表面有明显光泽。花期2～4月，花单瓣或重瓣，瓣近圆形、顶端微凹，多为大红色。产中国和日本，有优良变种、变型及园艺品种3 000个以上，我国东部及中部多栽培。喜半阴，最好为侧方庇荫。喜温暖湿润气候，有一定的抗寒力，杭州的冬红山茶在−10℃条件下仍鲜花怒放，浙江红花油茶在江西庐山遭−16.8℃极端低温而未受冻害。喜肥沃湿润而排水良好的中性和微酸性土壤（pH5～7），是山茶属中抗性和适应力较强的种类，对海潮风也有一定的抗性。山茶叶色四季翠绿而有光泽，花开冬末春初，花朵大、花色美、花期长（早花种11月开放，晚花种3月间开放，有的能陆续开放5～6个月），是丰富乡村绿化景观的优良树种。栽培变种有：白山茶（var. *alba*），花白色。白洋茶（var. *alba-plena*），花白色，重瓣。红山茶（var. *anlmoniflora*），花红色，花型似牡丹，有5枚大花瓣，雄蕊有变成狭小花瓣者。紫山茶（var. *lilifolia*），花紫色，叶呈狭披针形。玫瑰山茶（var. *magnoliaflora*），花玫瑰色，近于重瓣。重瓣花山茶（var. *polypetala*），花白色而有红纹，重瓣；枝密生，叶圆形。鱼尾山茶（var. *trifida*），花红色，单瓣或半重瓣；叶端3裂如鱼尾状，又常有斑纹，为观赏珍品。

晚樱　　　　　　　红梅　　　　　　　紫薇

绿梅　　　　　　　牡丹　　　　　　　蜡梅

（5）观果树种。绿化树种的果实有多种类型，有些具有食用价值，有的具很高的观赏价值，有些树种的果实兼具多种价值。如火棘、山楂、石楠、荚蒾、四照花等果色鲜艳；黄山栾树粉红色的果实，犹如一串串彩色小灯笼挂在树梢；金银木、冬青、南天竹等红透晶莹的果实，可一直挂树留存到白雪皑皑的冬季。

常见优良栽培树种有：

杏（*Prunus armeniaca*）：蔷薇科，杏属。落叶乔木，树高可达5～8米，胸径30厘米。干皮暗灰褐色，无顶芽，冬芽2～3枚簇生。单叶互生，叶卵形至近圆形，先端具短尖头，基部圆形或近心形。花期3～4月，历时5～7天；花两性，白或微红色，单花无梗或近无梗。果熟期5～6月，果球形或卵形，熟时多浅裂或黄红色。原产于中国新疆，现已广泛分布到秦岭、淮河以北地区，南方也有少量栽培。阳性树种，喜光、耐旱，抗寒、抗风、深根性，寿命可达百年以上，为低山丘陵地带的主要栽培果树。杏树早春开花，先花后叶，如纱，似梦，像雾，馥郁馨香，沁人心脾；麦收时节杏果成熟，满树金黄，可与苍松、翠柏配植于池旁湖畔或植于山石崖边、庭院堂前，极具观赏性。杏是落叶果树中的重要树种之一，果实色艳味美且具较高的营养保健价值，杏仁主要用来榨油，也可制成食品，还有止咳、润肠之药用功效。

黄山栾树（*Koelreuteria bipinnata* var. *integrifolia*）：无患子科，栾树属，栾树变种。落叶乔木。树高达15米，树冠近圆形，树皮灰褐色、细纵裂，小枝皮孔明显。二回奇数羽状复叶，小叶7～15枚，卵状椭圆形。花期6～7月，顶生圆锥花序，小花金黄色。果熟期

9 ～ 10月，蒴果三角状卵形，熟时橘红色或红褐色。北从东北南部，南至长江流域，西至川中、甘肃东南部有分布，长江流域各省较常见，多生于杂木林中。喜光，稍耐阴，耐寒；适生于石灰性土壤，稍耐湿。萌生力强，生长较快，具较强抗烟尘能力。黄山栾树树姿端正、枝叶茂密，春季嫩叶红色，夏季黄花满树梢，入秋果实累累如灯笼，是优良的花果园景树种，亦可植为行道树或庭荫树。

火棘（*Pyracantha fortuneana*）：又名火把果、救军粮。蔷薇科，火棘属。常绿灌木，株高约3米。枝拱形下垂，幼时有锈色短柔毛，短侧枝常呈刺状。单叶互生，革质，倒卵形长椭圆形，缘有圆钝锯齿。花期5月，复伞房花序密生在小枝上，有花10 ～ 22朵，白色。果熟期9 ～ 10月，每个果穗有果10 ～ 20粒，果近球形，橘红色至深红色。大多分布于黄河以南及广大西南地区，生于海拔500 ～ 2 800米的山地灌丛中或沟边。性喜温暖，不耐寒，北方盆栽10 ～ 11月移入温室越冬；喜光，要求土壤排水良好。栽培环境不适宜，会出现半常绿或落叶状态。火棘枝叶茂盛，初夏白花繁密、十分醒目，入秋果红如火、艳丽异常，密密丛丛散布在绿叶丛中且可一直留存枝头到春节，在庭院中常作整形绿篱及基础种植材料，也可丛植或孤植于草地边缘或园路转角处。

南天竹（*Nandina domestica*）：南天竹科，南天竹属。常绿灌木，树高达2米，丛生而少分枝。2 ～ 3回羽状复叶互生，中轴有关节，小叶椭圆状披针形。花期5 ～ 7月，花小而白色，成顶生圆锥花序。果期9 ～ 10月，浆果球形，鲜红色；偶有黄白色变型，称玉果南天竹（f. *alba*）。原产中国及日本，我国苏、浙、赣、鄂、川、陕、冀、鲁等均有分布。喜半阴温暖气候及肥沃、湿润而排水良好的土壤，耐寒性较强。生长较慢。南天竹茎干丛生、枝叶扶疏，秋冬叶色变红，更有红果累累、经久不落，是优良的冬季赏叶观果佳树，常植于院落角隅，或作洞门漏窗的配景；若在门厅、路口对植，其下点缀山石一二，意趣益臻。其老桩可作盆景，果枝是著名的切花配材。

山楂　　　　　　　　海棠　　　　　　　　樱桃

桃

葡萄

石榴　　　　　沙梨　　　　　柿子

桑椹　　　　　狝猴桃　　　　　枸杞

7.4.2　庭荫树

生态景观作用主要为：置片片绿荫以避烈日骄阳之淫威，招缕缕爽风以挡酷暑袭人之热浪。因其为人们提供一个凉荫、清新的室外休憩场所的功能目的所在，庭荫树种的选择主要为枝繁叶茂、绿荫如盖的落叶乔木，其中又以阔叶树种的应用为佳，如能兼备观叶、赏花或品果效能则更为理想。部分枝疏叶朗、树影婆娑的常绿树种，也可作庭荫树应用，但在具体配植时要注意与建筑物南窗等主要采光部位的距离，考虑树冠大小、树体高矮对冬季太阳入射光线的影响程度，以免顾此失彼、弄巧成拙。

常见优良栽培树种有：

玉兰（*Magnolia denudata*）：木兰科，木兰属。落叶乔木，树高达15米。原生树为常绿落叶混交林中的中生树种，寿命可达千年以上。冬芽密被淡灰绿色长毛，单叶互生、倒卵形。花期3～4月，先叶开放，直立钟状、有芳香；花径10～15厘米，花被9枚，碧白色、有时基部带红晕。聚合果圆柱形，通常部分心皮不育而弯曲；栽培种多不育，繁殖以嫁接为主。对二氧化硫、氯气和氟化氢等有害气体抗性较强，并有一定吸收能力。玉兰树形高大，花朵洁白素丽，常植于厅前院后，作庭荫树用；亦有配植在路边、草坪角隅、亭台前后或窗外，作园景树观赏。盛花时节犹如雪涛云海，气势壮观。同属种：紫玉兰（*M. liliflora*），灌木状，开紫花。二乔玉兰（*M. soulangeana*），法国育成的杂交种（玉兰×紫玉兰），小乔木或灌木，树高达9米；花大而芳香，外微淡紫、内白色，萼片3、常为瓣状，早春（2～3月）于展叶前开放，较双亲更为耐寒、耐旱。黄花木兰（*M. acuminata* var. *subcorduta*），原产美国东南部，常绿小乔木或灌木；叶长椭圆形、革质，花瓣6枚、萼片3枚，均金黄色，艳丽夺目，为木兰属中的佳品。浙江木兰研究所王飞罡先生历时20年研究培育的新品种有：红运玉兰——色泽鲜红，在华南一年三次开花（2～3月，5～6月，9～10月），馥郁清香，可作行道树和庭院栽植。丹馨玉兰——花紫红色、有浓香，植株矮壮，为盆栽佳品。飞黄玉兰——色泽金黄，早春开放，美不胜收。红元宝玉兰——花朵若元宝之态，在夏季少花时节盛开。景宁玉兰——菊花形花朵，花瓣17～35枚。

合欢（*Albizia julibrissin*）：又名绒花树、夜合花。含羞草科，合欢属。落叶乔木，树高4～15米，树冠伞形；树皮褐灰色，小枝褐绿色、具棱，皮孔黄灰色。二回羽状复叶，羽片4～12对；小叶10～30对，长圆形至线形，镰刀状两侧极偏斜，夜间闭合。花期6～7月，伞房头状花序，腋生或顶生，花丝粉红色。果期9～11月。荚果线形，扁平，幼时有毛。分布自伊朗至中国、日本，我国黄河以南地区多有分布，多生于低山丘陵及平原。性喜光，好生于温暖湿润的环境，较耐寒。对土壤要求不严，耐干旱瘠薄、怕积水，在沙质土壤上生长较好。合欢红花如簇、秀雅别致，花丝如绒缨、极其秀美，是优良的观花树种；雄蕊花丝如缕、半白半红，故有马缨花、绒花之称。合欢树冠开张、覆荫如盖，速生，对氯化氢、二氧化硫抗性强，宜作庭荫树、行道树，配植于溪边、池畔也相适宜。

木香（*Rosa banksiae*）：蔷薇科，蔷薇属。常绿攀缘灌木，茎展达6米。枝细长，绿色，光滑而少刺。奇数羽状复叶，小叶3～5枚，罕7枚，卵状长椭圆形至披针形。萼片全缘，花梗细长；花常为白色，芳香，3～15朵排成伞形花序，花期4～5月。果近球形，红色。

原产我国西南部，性喜阳光，耐寒性不强，北方须选背风向阳处栽植。木香生长迅速，管理简单，开花繁茂而芳香，花后略行修剪即可。在我国长江流域各地普遍栽作棚架、花篱材料。变种：重瓣白木香（var. *abla-plena*），常为3小叶，花白色，重瓣，香味浓烈，应用最广。重瓣黄木香（var. *lutea*），常为5小叶，花淡黄色，重瓣，香味甚淡。变型：单瓣黄木香（f. *lutescens*），花黄色，重瓣罕见。同属种：大花白木香（*R. fortuneana*），可能是木香与金樱子（*R. laevigata*）的杂交种，小叶3～5枚，有光泽；花单生，大型，重瓣，白色，香味极淡，花梗有刚毛。

葡萄（*Vitis vinifera*）：葡萄科，葡萄属。落叶藤木，茎长达30米。树皮红褐色，条状剥落；卷须分枝，间歇性着生。单叶近圆形，掌状裂叶基部心形。花期5～6月，圆锥花序大而长，小花黄绿色。果期8～9月，浆果椭球形或圆球形，有白粉。原产亚洲西部，我国栽培历史悠久，分布广，尤以长江流域以北栽培较多。喜光，喜干燥及夏季高温的大陆性气候；冬季需一定低温。深根性，耐干旱，一般怕涝。葡萄翠叶满架，硕果晶莹，常用于棚架、门廊攀缘，是赏果、营荫的优良藤木树种。

7.4.3　绿篱树

在乡村绿化景观建植中，无论是中国式古典绿化设计，还是现代派园景规划，特别是现代高速公路的快速延伸、花园住宅小区的迅猛开发、街心绿岛的生态修饰，以及大量河滨公园、村民广场的落成，都极注重绿篱树种的景观应用；尤其是彩叶模纹篱的魅力，更是被设计师的巧手渲染得精致非凡。绿篱树种应具备的基本性状要求为：萌芽率强、性耐修剪，枝叶稠密、基部不空，生长迅速、适应性强，病虫害少、抗烟尘污染。

（1）以性状特征归类

①花篱：以观花小灌木为主，如六月雪、珍珠花、绣线菊、连翘、迎春、瑞香、丰花月季、栀子花、杜鹃、山茶等。藤木类观花树种多作篱壁或架式栽植，形成花墙，如藤蔷薇、金银花、叶子花等。

②果篱：以观果小灌木为主，如火棘、枸杞、金橘、枸骨等。

③叶篱：以观叶小灌木为主，绿叶类树种有瓜子黄杨、雀舌黄杨、小叶女贞、日本小檗、侧柏、圆柏、龙柏等；彩叶类树种有花柏、红叶小檗、金叶女贞、红花檵木、斑叶黄杨、洒金珊瑚等。

④竹篱：以矮小丛生型竹种为主，别具一格，如箬竹、凤尾竹等。

（2）从栽培用途区分

①境界篱：为绿化中常用的一种空间分隔措施，树种选择多以常绿小灌木为宜，以标明境界，其作用同竹篱、木栅、墙垣相仿，但生机盎然、情趣独特，特别是在欧派规则式整形中表现得淋漓尽致、精妙绝伦。

常见优良栽培树种有：

大叶黄杨（*Euonymus japonicus*）：卫矛科，卫矛属。常绿灌木或小乔木，树高达8米。小枝绿色，略呈四棱形。叶革质而有光泽，椭圆形。原产日本南部，我国南北各省均有栽培，长江流域尤多。喜光，耐阴。喜温暖气候及肥沃湿润的土壤，耐寒性一般，温度低达−17℃即受冻害，黄河以南可露地种植。耐修剪，生长较慢，寿命长。大叶黄杨叶色浓绿而有光泽，多用作境界篱或整形园景篱。常见花叶变种：银边大叶黄杨（var. *albo-marginatus*），叶边缘白色。金边大叶黄杨（var. *aureo-marginatus*），叶边缘绿黄色。金心大叶黄杨（var. *viridi-variegatus*），叶中脉附近金黄色，有时叶柄及小枝也变为黄色。银斑大叶黄杨（var. *agenteo-variegatus*），叶有白斑和白边。金斑大叶黄杨（var. *aureo-variegatus*），叶较大，鲜绿色，中部有深绿色及黄色斑。均为优良的彩叶篱树种，多作模纹篱或整形园景篱。

石楠（*Photinia serrulata*）：蔷薇科，石楠属。常绿小乔木，树高达10米。叶长椭圆形，革质有光泽，幼叶带红色。果球形，红色，10月成熟。产我国中部及南部，印度尼西亚有分布。原生于海拔1 000 ~ 2 500米的杂木林中，喜光，稍耐阴。喜温暖，尚耐寒，能耐短期的−15℃低温。喜排水良好的肥沃壤土，也耐干旱瘠薄，不耐水湿。生长较慢。石楠树冠圆形，枝叶浓密，早春嫩叶鲜红，秋冬可赏红果。

小叶女贞（*Ligustrum quihoui*）：木樨科，女贞属。落叶或半常绿灌木，株高1 ~ 3米；小枝淡棕色，圆柱形。叶片薄革质，长圆状椭圆形或倒卵形，上面深绿色、下面淡绿色。花期5 ~ 7月，圆锥花序顶生，近圆柱形，分枝处常有1对叶状苞片；花冠裂片卵形或椭圆形，白色。果熟期8 ~ 11月，倒卵形、宽椭圆形或近球形，紫黑色。产于中国中部、东部和西南部，生沟边、路旁或河边灌丛中，或海拔100 ~ 2 500米山坡。喜光照，稍耐阴，较耐寒，华北地区可露地栽培。小叶女贞性强健，抗多种有毒气体，是优良的抗污染树种。叶小，常绿，且耐修剪，萌发力强，为园林绿化的重要绿篱材料，也是制作盆景的优良树种；枝叶紧密、圆整，庭院中常栽植观赏。

龙柏（*Juniperus chinensis* 'Kaizuka'）：柏科，圆柏属，圆柏的变种。常绿小乔木，树高可达4 ~ 8米。树冠圆柱状，树皮深灰色，树干表面有纵裂纹。叶大部分为鳞状叶（与圆柏的主要区别），少量为刺形叶，沿枝条紧密排列成十字对生；有特殊的芬芳气味，近处可嗅到。枝条长大时会呈螺旋状伸展，向上盘曲，好像盘龙姿态，故名"龙柏"。雌雄异株，于春天开花，花（孢子叶球）单性，细小，淡黄绿色，顶生于枝条末端，浆质球果，表面被一层碧蓝色的蜡粉。原产于中国及日本，喜充足的阳光，耐旱力强，忌潮湿渍水，否则将引起黄叶、生长不良。对土壤酸碱度适应性强，较耐盐碱。龙柏株形整齐、树态优美，宜丛植或行列栽植，亦可整修成球形。绿篱栽植，经整形修剪成平直的圆脊状，可表现其低矮、丰满、细致、精细。

②隐蔽篱：起遮蔽隐匿作用，多用于陈旧的建筑或简陋的临时设施前，或用于围护私密性场所、隔绝不协调之背景。树种选择多为常绿大型灌木或小乔木，枝叶繁密、绿荫如墙。常绿阔叶树有珊瑚树、月桂、冬青、石楠、蚊母树、桂花等；常绿针叶树也时有应用，如侧柏、扁柏、花柏、圆柏等。雪松、柳杉等大型乔木，作远距离障景篱的效果很好。

常见优良栽培树种有：

珊瑚树（*Viburnum awabuki*）：又名法国冬青。忍冬科，荚蒾属。常绿小乔木或灌木，树高达3 ~ 5米。叶长椭圆形。花期5 ~ 6月，圆锥状伞房花序顶生，花白色钟状、小而芳香。果期9 ~ 11月，核果椭圆形，初为红色，后渐变黑色。产浙江、江苏、安徽、江西、湖北等地，喜温暖湿润气候，在湿润肥沃的中性壤土中生长迅速而旺盛。喜光亦耐阴。根系发达，萌芽力强，耐修剪；对多种有毒气体抗性强，且有吸尘、隔音等功能。珊瑚树倒卵形树冠，枝繁叶茂、青翠浓郁，遮蔽效果极为显著，规则式修剪中常整形为绿墙、绿门、绿廊；自然式配置多丛植作景观树，生态效益良好。

冬青（*Ilex purpurea*）：冬青科，冬青属。常绿乔木，树高达10～15米。枝叶密生，冠形整齐。树皮灰青色，平滑。叶革质，长椭圆形，叶柄淡紫红色。产长江流域及其以南地区。喜光，稍耐阴；喜温暖气候及肥沃的酸性土，耐潮湿，不耐寒。萌芽力强，耐修剪；生长较慢。对二氧化硫抗性强，并耐烟尘。冬青枝叶繁茂、葱郁如盖，果熟时宛若丹珠、分外艳丽，是优良的叶、果兼赏型树种，作高篱应用效果绝佳。孤植草坪、水边或丛植林缘均适宜，如在门庭、通道列植，或在山石、小丘之间点缀，葱郁可观。

月桂（*Laurus nobilis*）：樟科，月桂属。常绿小乔木，树高达12米。树皮黑褐色，小枝具纵条纹，叶长圆形。原产地中海一带，江苏习见栽培。喜光稍耐阴，喜温暖湿润气候。月桂枝叶繁茂，四季常青，通常列植于建筑物周围或通道两旁，亦可用于庭院孤植、群植，别具一格。作绿篱树墙，有分隔空间及隐蔽的功效。叶可作调味香料，叶、果含芳香油，用作食品、皂用及化妆品香精，为一种有发展前途的芳香树种。

蚊母树（*Distylium chinense*）：又名中华蚊母。金缕梅科，蚊母树属。常绿小乔木或灌木，树高达5米，嫩枝端具星状鳞毛。顶芽歪斜，暗褐色。单叶互生，叶厚革质、光滑，椭圆形或倒卵形，背面叶脉略隆起，叶边缘和叶面常有虫瘿。花期4～5月，花单性或杂性，雄花常与两性花同株，排成腋生的穗状花序。果熟期8～10月，蒴果木质，卵圆形，被星状茸毛，室背和室间裂开。中国有12种，产广东、福建、台湾、浙江等省，多生于海拔100～200米的丘陵地带，长江流域绿化中常有栽培。喜光，稍耐阴；喜温暖湿润气候，耐寒性不强。对土壤要求不严，酸性、中性土壤均能适应。蚊母树枝叶密集、树形整齐、叶色浓绿、经冬不凋，春日开细小红花也颇美丽，植于路旁、庭前草坪上及大树下都很合适。萌芽、发枝力强，耐修剪，成丛、成片栽植作绿篱分隔空间或作为其他花木的背景效果亦佳。

③防护篱：多用于宅院、种苗繁育基地等私密性比较强或池坑类危险性较大的场所，以阻止人畜进入。树种选择多为具棘刺的枸橘、刺梨、云实、蔷薇等，篱壁式栽植。

常见优良栽培树种有：

蔷薇（*Rosa multiflora*）：蔷薇科，蔷薇属。落叶灌木，偃伏或攀缘状。茎长，小叶5～11枚、倒卵形，托叶下有刺。花期5～6月，花朵密集成圆锥状伞房花序，白色或略带粉晕，芳香。产我国华北、华东、华中、华南及西南，朝鲜、日本也有分布。喜光，耐寒，对土壤要求不严，在黏重土中也可正常生长。野蔷薇性强健，在乡村绿化中多攀附篱壁，作境界防护篱；坡地丛栽也颇有野趣，且有助于水土保持。亦为各类观赏月季、蔷薇的砧木，嫁接亲和力很强。栽培变种：粉团蔷薇（var. *cathayensis*），小叶较大，通常5～7枚；花单瓣、粉红至玫瑰红色，径3～4厘米，数朵或多朵组成平顶的伞房花序。栽培变型：十姐妹（f. *platyphylla*），叶较大，花重瓣，深红色，常6～7朵组成扁伞房花序。荷花蔷薇（f. *carnea*），又名粉花十姐妹，花重瓣、粉红色，多朵成簇，甚美丽。以上变种与变型内还有不同品种和品系，有色有香、丰富多彩，广泛应用于花柱、花门、花架等攀缘造景。

刺梨（*Rosa roxburghii*）：又名缫丝花。蔷薇科，蔷薇属。落叶或半常绿灌木，树高约2.5米，树皮成片脱落。小枝常有成对皮刺，羽状复叶，小叶9～15枚，常为椭圆形。花

1～2朵，淡红色或粉红色，重瓣，花柄、萼筒和萼片外面密生刺，花期5月。果扁球形，外被密刺，果实富含B族维生素、维生素P及维生素C。分布于江西、湖北、广东、四川、贵州、云南等省，长江流域多栽培，乡村绿化中常用作防护篱。

枸橘（*Poncirus trifoliata*）：又名枳。芸香科，枳属。落叶灌木或小乔木，树高达7米。小枝绿色，稍扁，有棱角，枝刺粗长而基部略扁。小叶3枚，近革质。花白色。果球形，黄绿色，有香气，10月成熟。原产我国中部，现黄河流域以南地区广泛栽培。性喜光，喜温暖湿润气候；也颇耐寒，能抗−20～−28℃的极端低温，北方小气候良好处可露地栽培。喜微酸性土壤，不耐碱。生长速度中等，发枝力强，耐修剪。枳枝条色绿而多尖刺，春天叶前白花、秋天黄果，多作绿篱或屏障树，兼有观赏及防卫功能。此外，常作柑橘类的耐寒砧木。

枸骨（*Ilex cornuta*）：又名鸟不宿。冬青科，冬青属。常绿灌木或小乔木，树高3～4米。树皮灰白色、平滑不裂，枝密生而开展。叶革质，矩圆形，顶端扩大具3枚大尖硬刺齿、基部两侧各具1～2枚同样大刺齿，表面深绿而有光泽，背面淡绿色。花期4～5月，黄绿色，簇生于二年生枝叶腋。果期9～11月，核果球形，鲜红色。分布于长江中下游各省，喜阳光充足、气候温暖环境，耐寒性较差。喜排水良好的酸性、肥沃土壤，生长缓慢。萌蘖力强，耐修剪，易造型。对有毒气体抗性较强。枸骨枝叶茂密、叶形奇特，入秋红果累累、鲜艳美丽，是良好的观叶观果兼备树种；亦可修剪扎型作园景篱应用，饶有风趣。

④模纹篱：是目前国内发展最为迅速的观赏绿篱栽培模式，广泛应用于大型草坪、缓坡或建筑物前广场，多以几何图案、抽象图形为模，装饰效果极好。树种选择多以色叶类常绿小灌木配置，赤橙黄绿、缤纷美艳、艺术感染力奇强。

常见优良栽培树种有：

侧柏（*Platycladus orientalis*）：柏科，侧柏属。本属仅1种，我国特产。分布极广，全国各地均有栽培。常绿乔木，树高可达20米。冠尖塔形，老树广圆形，树皮灰褐色，薄片状剥落。小枝细扁平，排成一平面。叶全为鳞形。喜光，能耐阴。喜温暖湿润气候，亦耐旱、寒，在沈阳以南生长良好，能耐−25℃绝对低温。抗盐性强，可在含盐0.2%的土壤中生长。侧柏作为重要的叶篱树种，现代绿化中广泛使用于境界、模纹、隐蔽等效能上。栽培品种中用于绿篱栽植的有：千头柏（'Sieboldii'），无主干，呈丛状灌木，高3～5米，枝密生，树冠呈紧密卵圆或球形。叶鲜绿色，长江流域及华北南部多作绿篱树或园景树。金叶千头柏（'Semperaurescens'），又名金黄球柏，矮型灌木，树冠球形，叶终年呈金黄色。金塔柏（'Beverleyensis'），又名金枝侧柏，树冠塔形，叶金黄色，长江流域有栽培，北方可植于背风向阳处。金球柏（'Aurea'），树冠圆球至圆卵形，矮生，树高1.5米，叶淡黄绿色，江浙沿海普遍栽培。

红叶石楠（*Photinia × fraseri*）：石楠属杂交种的商业栽培品种统称。石楠科，石楠属。株高3～5米，冠幅2～3米。有很强的耐阴能力，但在直射光照下色彩更为鲜艳。耐低温，长城以南地区可露地栽植。适应性好，抗劣性强，耐土壤瘠薄，有一定的耐盐碱性和耐干旱能力。春、秋季新叶红艳，在夏季高温时节叶片转为亮绿色，冬季上部叶色保持鲜红、下部叶色转为深红，极具观赏价值。生长快、萌芽性强、极耐修剪，是目前最为时尚的红叶系彩色树种，因其新梢和嫩叶鲜红而得名，在欧美和日本已广泛应用，被誉为"红叶绿篱之王"，孤植、群植皆相适宜，尤适彩色模纹栽培应用，给人以夺目、惊艳、生机勃勃之美感，景观效果极为显著。1～2年生幼株可修剪成矮小灌木，在绿地中作地被植物片植，与其他彩叶植物组合成各种图案；群植成大型绿篱或幕墙，一片火红，非常艳丽，极具生机盎然之美；还可培育成独干、球形树冠的乔木，孤植或作行道树。优良栽培品种红罗宾（'Red Robin'），叶色鲜艳夺目，观赏性极佳。

金叶女贞（*Ligustrum × vicaryi*）：加州金边女贞与欧洲女贞的杂交种。木樨科，女贞属。半常绿小灌木，株高2～3米，冠幅1.5～2米。单叶对生，椭圆形或卵状椭圆形，色金黄。性喜光，稍耐阴，耐寒能力较强，冬季可以保持不落叶。适应性强，对土壤要求不严格，在我国长江以南及黄河流域等地的气候条件均能生长良好，很少有病虫危害。金叶女贞叶色金黄，被誉为"金玉满堂"；尤其在春秋两季色泽更加璀璨亮丽，可与红叶的紫叶小檗、红花檵木以及绿叶的龙柏、黄杨等组成色块，形成强烈的色彩对比，具极佳的观赏效果，主要用于绿地广场的组字或图案、建造绿篱。

红花檵木（*Loropetalum chinense var. rubrum*）：金缕梅科，檵木属，白花檵木的变种。常绿小乔木，常呈灌木状，树皮暗灰或浅灰褐色。多分枝。叶革质，卵形。花期3～4月，3～8朵簇生，花瓣4枚、红色。盛产湖南，华东至华南广泛栽培。喜温暖向阳的环境，能经受强晒，稍耐半阴，宜植于肥沃湿润的微酸性土壤。适应性强，耐寒、耐旱、耐瘠薄。红花檵木枝繁叶茂，叶色红紫，花姿奇艳，是目前彩叶模纹篱应用中的上乘佳品；一年可花开二度，以春花（3～4月）为主，花量盛；国庆前后再次显花，较春花为少，花量丰。观赏栽培中有三类变型：第一型叶型稍大而质厚，嫩叶淡红色，渐转为暗红色，越冬呈墨绿色；花粉红色，花期早而长，从始花到落花30～40天。第二型叶较小而尖，叶面茸毛明显，越冬呈褐红色；花玫瑰红色，花量较少。第三型叶圆小、柔嫩、有光泽，叶色由嫩红至紫红，终年红色不褪；花色红艳，花朵较大，花量较前二型略少。

7.4.4 地被树

地被树木是指一些植株低矮、枝叶密集，具有较强扩展能力、能迅速覆盖地面，抗污染能力强、易于粗放管理，种植后不需经常更换、成片栽植的低矮树木，它既用于大面积裸露平地或坡地的覆盖、也可用于林下空地的填充，为人们提供高质量的生活空间。植树、栽花、种草在乡村绿地环境建设中是不可或缺的三大组成部分，由于社会和历史的原因，过去只重视乔木的栽培而忽视了地被植物的应用，致使绿地系统层次单一、品种单调、黄土裸露、尘土飞扬，不仅景观失衡，而且也影响乡村生态环境的洁净。我国地被植物的应用初始于20世纪70年代末，应用范围也从公共绿地向单位附属绿地和居住区绿地迅速推广，"黄土不见天"的做法终被普遍接受。经过20余年的努力，地被植物、特别是地被树种的开发应用得到长足的发展，如华北的沙地柏、枸杞等，华东的十大功劳、金丝桃等，华南的紫背桂、叶子花等，因多为反映区域性特点的乡土适生地被树种，由此显现出来的生态和景观效益也日益清晰。

（1）**地被树种的优良选择。**地被树种特指低矮的灌木、藤木及竹类等不同类型的木本树种，通常认为优良地被树种应具备的基本条件：一是植株低矮，耐修剪。植株高度多为30厘米左右，性耐修剪，萌芽、分枝力强，枝叶稠密，能有效体现景观效果。二是延伸迅速，易成被。枝干水平延伸能力强，扩张迅速，短期就能覆盖地面、自成群落，生态保护效果好。三是适应性强，简管理。对光照、土壤、水分适应能力强，对环境污染及病虫害抵抗能力强，适宜粗放管理。四是绿色期长，耐观赏。以常绿树种最佳，全年覆盖效果好，彩叶、显花树种的结合选用，更可活跃季相。

地被树种按其生态特性可分为三类：一是阳性地被树种，可在全光照的空旷地段应用，如云南黄馨、金丝桃、粉花绣线菊、紫穗槐等；二是阴性地被树种，可在郁闭度较高的丛间或林下应用，如桃叶珊瑚、八角金盘、杜鹃、常春藤、络石等；三是半阴性地被树种，可在疏林或林缘处应用，如卫矛、扶芳藤、金银花、蔓长春花等。地被树种选用得当，除可完善绿地的生态功能，还可丰富乡村绿化的景观效应，降低常规养护费用。某些地被树种的资源开发还可增加经济收入，兼顾生态、景观、经济效益，一举三得。

常见优良栽培树种有：

云南黄馨（*Jasminum mesnyi*）：又名南迎春、梅氏茉莉。木樨科，素馨（茉莉）属。常绿半蔓性灌木，株高可达3米。小枝无毛，四方形，具浅棱，细长柔软。三出复叶对生，小叶椭圆状披针形，顶端1枚较大、基部渐狭成一短柄，侧生2枚小而无柄。花期3～5月，花单生于具总苞状单叶的小枝端，高脚碟状，单瓣或常近于复瓣，黄色花冠具暗色斑点，花瓣6～9裂，有香气。一般不结果。原产中国云南省，现各地均可栽培。喜温暖、湿润的环境，较耐寒。性喜光，稍耐阴，全日照或半日照均可。适应性强，较耐旱。繁殖以春秋两季扦插为主：春季选芽没萌动但快要萌动时或在花后进行，秋季可在9～10月或结合整形修剪时进行。云南黄馨为早春重要花木，枝条细长，拱形下垂，最适宜植于堤岸、岩边、台地、阶前边缘或坡地、高地作悬垂绿篱栽培；萌蘖力强，在林缘坡地片植具水土保持作用。花期过后应修剪整枝，有利再生新枝开花。

金丝桃（*Hypericum chinense*）：金丝桃科，金丝桃属。半常绿灌木，株高60～80厘米。分枝极稠密，小枝对生，红褐色。单叶对生，椭圆状披针形，全缘。花期6～9月，鲜黄色，花冠状似桃花、5瓣，雄蕊花丝多而细长、金黄色，故名金丝桃。原产我国，主要分布河北、河南、湖北、湖南、江苏、江西、四川、广东等地。喜光又耐阴，喜肥沃湿润的沙质壤土；不太耐寒，北方须选小气候条件较好的环境种植。金丝桃植株低矮开展，发枝能力极强，覆盖效果好，花色秀丽，姿态潇洒，是理想的地被树种。入冬后对地上部分进行更新修剪，第二年生长更加茂盛。适于草地、林缘、疏林下丛植，亦可作花篱应用。同属种：多叶金丝桃（*H. polyphyllum*），原产小亚细亚，现欧美国家和日本均有栽培。栽培容易，管理粗放，其老枝接触土壤可节节生根，籍枝条的延伸和种子的自播迅速扩大覆盖面积。金丝梅（*H. patulum*），外形很像金丝桃，但小枝有棱，叶更接近于宽椭卵形，枝更开张，花丝短于花瓣，这是其与金丝桃的主要区别。

粉花绣线菊（*Spiraea japonica*）：蔷薇科，绣线菊属。落叶直立灌木。株高1～1.5米，冠幅1.2～1.5米。单叶互生，表面有皱纹，叶缘有缺刻状重锯齿。花期6～7月，复伞花序，粉红色；雄蕊较花瓣长，生于当年生枝端。原产日本，我国华东各地有栽培。喜光，稍耐阴；耐寒，耐旱。粉花绣线菊长势强健，株型丰满，花序美丽，多作花篱应用或于花坛、花境及草地角隅处丛植，构成夏日佳景。彩色叶杂交种的栽培品种：金山绣线菊（'Gold Mound'），株高30～60厘米，冠幅60～90厘米，枝条呈折线状，株型丰满近半圆形。新生叶金黄色，老叶为黄绿色，秋叶霜打后变红，长江以南落叶期在12月初。花期5～10月，盛花期为5月中旬至6月上旬，粉红色。金山绣线菊叶色夏季金黄，秋季火红，适合作观花地被，或群植作色块，亦可作花境和花坛植物观赏。原产美国，喜光，稍耐阴，极耐寒；不耐水湿，耐干旱。对土壤酸碱度要求不严，生长快，易成型，具有较大的开发应用前景。栽培品种：金焰绣线菊（'Gold Flame'），株高50～90厘米，冠幅可达90～120厘米。花深粉红色，花量多，花期性状同金山绣线菊。金焰绣线菊叶色富于季相变化，新叶橙红，老叶鲜黄，冬叶紫红，彩叶景观效果极具感染力。原产美国，1990年引入，在北京、上海、杭州等地生长良好。喜光及温暖湿润的气候，耐寒，怕涝。生长快，耐修剪，栽培容易。如作花坛和花境材料时，可作一年生植物材料用，于冬季枯叶后即起掘，假植于苗圃地，待翌年春季叶萌动时再种植于花坛中，橙红色新叶似群花怒放，观赏效果甚好。布什绣线菊（'Bush'），新叶红色，老叶深绿色。叶、枝色泽偶有自然变异，部分叶片带有黄色斑块或全叶变黄，小枝也会出现黄色变异。花深玫瑰红色，花量多，在5～6月、9～10月两次盛花。景观建植应用同金山绣线菊、金焰绣线菊。

花叶蔓长春花（*Vinca majior var. variegata*）：夹竹桃科，蔓长春花属。常绿蔓生亚灌木，株高30～40厘米。矮生，分蘖能力十分强；营养枝蔓性、匍匐生长，长达2米以上；开花枝直立。叶对生，椭圆形；叶面亮绿色，有乳黄色斑纹，稍有光泽。花期4～5月，单生于花枝叶腋内；花冠蓝色，高脚杯状、五裂。原种产地中海沿岸、印度、美洲热带地区，我国江苏、浙江和台湾有栽培。对光照要求不严，尤以半阳环境条件下生长最佳。较耐低温，在-7℃气温条件下露地种植也无冻害现象。对土壤要求不严，适应性强。花叶蔓长春花全年呈现浓绿，镶边作为花境植物，可用于规则式色块拼栽或自然片植，景观效果甚好；紫罗兰色的小花像缀花地毯覆盖大地，色泽对比协调且富有自然生趣，景色十分奇特幽雅，是较理想的花、叶兼赏类地被材料。蔓茎生长速度快，垂挂效果好，对岩石、沟坎及花坛边缘起到软化硬质材料景观效果的作用。自然分蘖能力强，致密的丛生群体是极好的地面覆盖材料，可在林缘或树下成片栽植，尤其适于建筑物基部和斜坡的水土保持栽植应用。

（2）地被树种的生态配置。地被树木具有降温增湿、防尘固土等显著的生态功能及丰富群落层次、增色景观效果的视觉效应，人工设计构成的植物群落，无论是从生态意义上还是从观赏价值上，必须依赖群体建植的覆盖效果，空间和环境资源才会得到更大限度的利用。地被树木的栽植不但提高了绿视率，而且有效提高了单位林地面积的光能利用率；此外，地被树木根系浅而庞大，能疏松表层土壤，调节地温，增加土壤腐殖质含量，对上木生长有促进作用。地被树木的种类繁多，有不同的叶色、花色、果色和丰富的季相变化，与上层乔灌木有机配合，不仅丰富群落层次，而且增色景观效果。地被树种的景观功能配置主要是使人工植物群落层次分明、主体突出，切不能造成喧宾夺主、杂乱无章的负面效果。

地被树种的选用虽无固定模式，但亦应根据"因地制宜，功能为先，高度适应，四季有景"的原则统筹配置。作为处于植物群落最下层的地被树木，选用时应与上层树木形成错落有致的组合，搭配高度应适当：在上层树木分枝点较高时，可选用较直立的地被树种；

当上层树木较矮或分枝点较低时，地被树种应选用匍地类型；此外，还应根据种植地段的面积大小和场景开阔程度来区别配置，以免显得过于单薄或拥挤。有时上层树种的类型、疏密程度及群落层次对下层生境的影响较大，如常见到茂密的香樟或白玉兰林冠下地被植物生长不良甚至濒于死亡，此时阴生地被树种的选用就极为关键，如可选八角金盘、桃叶珊瑚等作地被以解决这个难题。而在疏林下则可配置地被月季、红叶小檗等花色艳丽、叶色鲜明的阳性树种，营造优美的景观效果。地被树木在群落中成片配置后成为主景的底色，其季相色彩的合理运用，可与上木相映成趣、景随季变：如金丝桃常与棕榈植物搭配，纤枝劲叶，刚柔相济；水杉林下常植耐阴的桃叶珊瑚、常春藤、菲白竹等，在上木落叶期依然保持一派生机，隆冬景观不显凋零。

7.4.5 美化特殊空间的攀缘类藤木树种

攀缘植物虽然在各类乡村绿化景观中得到不同程度的应用，但在实际应用的种类、范围及资源开发的力度等方面，与其他乔灌木相比却相当有限，常见种类不过20余种，应用中又一般仅限于花架、荫棚、墙垣攀缘或垂悬，故其应用领域大可拓宽，多种类互补以丰富垂直绿化的空间景观，于生态群落和环境效益均较有利。又如墙垣绿化是现代乡村生态环境建设中不可忽视的重要内容，尤其是在寸土寸金的情况下，推广垂直绿化，营造墙荫，不但可以扩大绿化空间，增加绿化覆盖面积，而且可以有效调节室内温度，降低能源消耗。此外，许多攀缘植物对土壤、气候的要求并不苛刻，且生长迅速，具有经济、快速、有效的特点，值得大力推广。开发攀缘植物资源也是丰富植物种类、活跃绿化景观的重要举措，特别是具观叶、赏花性能的优良藤木树种，更能体现"谁持彩链当空舞，留得锦云在人间"的特殊效能。

攀缘植物的主要使用形式为棚廊、柱架、门（窗）檐、墙垣、山石的攀附。因各别树种的攀缘器官和攀缘性能有异，故在选择时要物尽其用：如棚廊、框架，应选用茎缠绕能力强的紫藤、金银花、木香、络石等或具卷须的葡萄、美国爬山虎；而栅栏、格网，可选用云实、野蔷薇等具钩刺的种类；门檐、墙垣、附壁等光滑无依的建筑表面，则非具气生根或吸盘等攀缘器官的凌霄、爬山虎、扶芳藤、薜荔、常春藤等莫属了。当然，在使用面积不大或须刻意营造特殊效果时，可借用人为辅助攀缘设施，如布设钉桩、绳网、木格、栅栏或具排灌功能的花钵、花箱等，以扩大树种的选择应用范围。此外，在开阔的绿地空间内设置廊架庭荫，因日照时间长，光照强度高，土壤水分蒸发量大，宜选用喜光、耐旱的紫藤、葡萄、木香等；如在日照时间较短的屋隅、拐角或建筑物北侧，则以栽植金银花、常春藤等耐阴湿种类为宜。

常见优良栽培树种有：

金银花（*Lonicera japonica*）：忍冬科，忍冬属。半常绿藤本，茎皮条状剥落，枝中空，幼枝暗红色、密被黄色糙毛及腺毛。叶卵形，幼叶两面被毛，成叶表面毛脱落。花期4～6月，双花单生叶腋，花冠白色、后变黄，外被柔毛和腺毛；苞片叶状。产于辽宁以南，华北、华东、华中、西南多分布。适应性强，耐寒，耐旱，根系发达，萌蘖力强。金银花藤蔓缠绕，冬叶微红，花先白后黄、富含清香，适于篱墙栏杆、门架、花廊配植；在假山和岩坡隙缝间点缀一二，更为别致。枝条细软，可扎成各种形状，老枝可作盆景栽培。变种：

红金银花（var. *chinensis*），花冠表面带红色，叶片边缘或背面叶脉上具短柔毛。黄脉金银花（var. *aureo-reticulata*），叶有黄色网脉。紫脉金银花（var. *reens*），叶脉带紫色，花为白色或青白紫彩色。

　　紫藤（*Wisteria sinensis*）：蝶形花科，紫藤属。落叶大藤木，小枝被柔毛。奇数羽状复叶，7～13枚对生。花期4～5月，柔荑花序长15～30厘米，花冠紫色或蓝菫色。果期9～10月，荚果木质，密被黄色柔毛。产于辽宁、内蒙古、河北、河南、山西、江苏、浙江、安徽、湖南、湖北、广东、陕西、甘肃及四川。喜光，耐干旱，忌积水；对土壤要求不严，萌蘖性强，对二氧化硫、氯气抗性强。栽培品种：银藤（'Alba'），花白色；香花紫藤（'Jako'），花极香。紫藤开花时节，繁花满树，烂漫绚丽，是国内外普遍应用的最华美的藤木之一。干茎钩连缠绕，多用以攀缘亭廊、棚架，整形装饰效果十分美观；也可攀缘门廊和拱形建筑，构成围屏。在工矿企业，可用其攀缘漏空柱架，垂直绿化景观效果极佳。同属种：多花紫藤（*W. floribunda*），又名丰花紫藤，小叶13～19枚，秋季转黄；花序长30～45厘米，花冠紫或蓝紫色，芳香，与叶同放。美丽紫藤（*W. formosa*），为日本紫藤与中国紫藤的杂交种，小叶7～13枚，浓香。白花紫藤（*W. venusta*），小叶9～13枚；花白色，种荚有毛。

　　常春藤（*Hedera nepalensis*）：五加科，常春藤属。常绿藤木，茎长达30米。具攀缘气根。小枝被锈色鳞片，营养枝之叶三角状卵形，全缘或3裂。产甘东南、陕南、豫及鲁南。喜温暖湿润气候，稍耐寒，耐阴，土壤适应性强，抗烟耐尘。是垂直绿化营造墙荫的良好树种，亦可用于廊荫攀缘。栽培变种：中华常春藤（var. *sinensis*），小枝被锈色鳞片，营养枝之叶基部平截；产于甘肃东南部，陕西南部、河南、山东以南有分布，稍耐寒。

　　云实（*Caesalpinia sepiaria*）：苏木科，苏木属。落叶攀缘灌木，树皮暗红色，密生倒钩刺。二回羽状复叶，羽片3～10对，小叶7～15枚、长椭圆形。花期4～5月，总状花序顶生，花瓣黄色，最下片有红色条纹。果期8～10月，荚果木质，长椭圆形，顶端有喙，沿腹缝线有狭翅。分布于长江流域以南各省，生于山坡岩石旁及灌木丛中。喜光，适应性广，萌蘖力强。云实枝蟠曲有刺，平原地区常栽培用于篱壁攀缘作绿篱，防护功效显著；亦可用作花篱观赏，花黄色有光泽，形成春花繁盛、夏果低垂的自然野趣。

7.4.6　竹

　　竹，"日出有清荫，月照有清影，风来有清声，雨来有清韵，露凝有清光，雪停有清趣"，自古以来一直受到国人的青睐；竹，既有风雅宜人的姿态，又具竹报平安的吉祥，自古以来就是陶冶情操、美化宅院的祥株佳木。近代科学论证更表明竹有高叶面积指数，其光合作用的固碳增氧能力是同投影面积落叶乔木的1.5倍，减弱噪声的能力也比落叶乔木强；突出的经济、社会、环境三大效益更符合现代人居理念的时尚潮流，使其成为当今绿化树木景观建植中的宠儿。

　　数千年博大精深的传统文化和源远流长的悠久历史，不仅造就了中国古典绿化丰富的艺术成就和独特的风格体系，而且促使其发展成精湛而又独具魅力的绿化艺术形式：诗与画的情趣、意与境的蕴涵，在世界绿化体系中独树一帜。古人偏爱竹林，于是魏晋有阮籍、嵇康、刘伶等"竹林七贤"，唐代有李白、孔巢父、韩准等"竹溪六逸"；当然，文人士大夫对竹的钟爱，不仅在于竹的外观形态，更多是由于其本固、性直、心虚、节贞的比德写照。

竹，虚怀若谷、淡泊宁静、刚劲挺拔、洁身自好的品格备受世人推崇，与松、梅一起被誉为"岁寒三友"，和梅、兰、菊一道被赞称"花中四君子"；苏轼"宁可食无肉，不可居无竹"的钟情更被传颂至今，在绿化树木景观建植中独树一帜、清新出众。

中国古代已到了无竹不园的崇高境界，特别是在受亚热带季风影响的江南地区，综合环境条件形成了丘陵、山地、河谷、平原等不同类型的自然群系，绿化用竹更是达到了登峰造极的境地：通幽竹径、粉墙竹影、漏窗竹景、山石竹伴，无一不充分显示了竿竿修竹的婵娟挺秀、芊芊幽篁的潇洒飘逸。其中，最负盛名的当数扬州个园：园主性爱竹，人居三分之一、石踞三分之一、竹据三分之一，以其独辟蹊径的景观设计和经久不衰的艺术魅力，取半个"竹"字、植满园风雅，修篁弄影、清幽无限，成为最具扬州地方特色的明清私家宅园的经典代表。

（1）绿化用竹的生长特性分类。

①单轴散生型：如刚竹、淡竹等，竹鞭细长，每节着生一芽，萌笋成竹后在地面上稀疏散生。

②合轴丛生型：如慈孝竹、麻竹等，竹鞭短缩、节密，顶芽出土成笋，新竹紧贴老竹密集丛生。

③复轴混生型：如箬竹、茶秆竹等，兼有单轴散生型和合轴丛生型的特点，地上竹林分布散生、丛生并存。

种竹不指望母竹本身成材，而是依靠所连竹鞭的抽鞭发笋、生长成林，因此母竹质量关系到移栽成活率的高低和成林的快慢。确定母竹的优劣有四条标准：一是生长健壮，枝叶繁茂，年龄以1～2年生为好，梅雨季或秋季种竹可采用当年新竹造林。二是竹鞭处于壮龄阶段，具有饱满的笋芽和较强的发笋及抽鞭能力。三是分枝低，可降低母竹高度，提高造林成活率。四是无病虫害。母竹运到后必须及时种植，栽种时应掌握四点：窝底要平，竹鞭放平，适当浅栽，鞭土密接。母竹竹秆不强求直立，而竹鞭一定要种平，栽植深度一般以竹鞭在土中20～25厘米为宜，栽得过深容易引起烂鞭而不出笋；栽种时根据母竹竹蔸的大小，适当修整窝塘、填回表土，放平竹鞭、自然舒展；竹蔸下部要与土壤密接、不留空隙，回入表土要自下而上、分层踏实。

（2）绿化用竹的观赏特性分类。

①赏秆竹：常见的有紫竹、斑竹、黄皮刚竹、金镶玉竹、方竹、罗汉竹等。

②赏叶竹：常见的有凤尾竹、阔叶箬竹、菲白竹、锦竹等。

（3）常见栽培竹种简介。

①刚竹属（*Phyllostachys*）：乔木或灌木状，单轴散生型，顶芽不出土，横走土中，一部分侧芽出土成笋。叶片互生、叶短柄，带状披针形、有叶鞘，中脉发达。秆圆筒形，每节通常2分枝、斜出平伸。早春至初夏出笋，秆箨革质、早落。约50种，大部分布于东亚；我国约40余种，主要分布在黄河流域以南。

刚竹（*Ph. viridis*）：秆高10～15米、径4～10厘米，中部节间长20～45厘米。新秆绿色，微被白粉，老秆节下有白粉环。秆环不明显，箨环微隆起。笋期4月下旬至6月上旬，秆箨微被白粉，有较密的褐色或紫褐色斑点、斑块和绿色脉纹。主枝基部三棱或四方形，枝环突起。小枝单生，顶端着带状披针形叶3～6枚。原产我国，长江流域一带普遍栽培。抗性强，能耐−18℃低温；微耐盐碱，在pH8.5左右的碱土和含盐0.1%的盐土上亦能生长。常见变型：黄金间碧玉竹（f.youngii），秆高8～10米、径4～6厘米，秆和主枝金黄色，纵沟鲜绿色，叶片也常有淡黄纵条纹。分布在浙江、江苏、安徽，是营造特色大型竹林景观的优良植物，竹海景观、竹径通幽等把人文景观和自然景观和谐地统在一起，营造出朴素、自然、清新的山水景观。江苏省连云港市于2003年确定其为"市竹"，用正直挺拔、高风亮节、虚心坚韧、清高脱俗的竹精神陶冶市民情操，广泛栽植覆盖，走进老百姓的日常生活：以公园、广场、小游园绿化大量点缀构成"点"，以道路绿化大量种植构成"线"，以山峦、乡村绿化大量种植构成"面"，以河岸绿化、河滨绿地大量种植名竹构成"环"，完成以"名山名竹"提升城市品位的系统工程。

毛竹（*Phyllostachys pubescens*）：禾本科，刚竹属。秆高10～20米、径达10～20厘米，中部节间可长达40厘米，基部节间较短。新秆密被细柔毛，有白粉；老秆无毛，节下有白粉环，后渐变黑。叶披针形，较小；每小枝2～8枚，密生于枝梢。笋期3月下旬至4月，秆箨厚革质，褐紫色，密被棕色毛和深褐色斑点。原产我国秦岭、汉水流域至长江流域以南海拔1 000米以下酸性土山地，浙江、江西、湖南为其栽培中心。喜温暖湿润的气候，分布北缘要求年平均温度14℃、1月平均温度1℃、极端最低温度−15℃，年降水量800～1 000毫米。喜深厚、肥沃、湿润又排水良好的土壤，在厚层酸性土上生长良好。不耐干燥的沙荒石砾地、盐碱土及排水不良的低洼地。毛竹竹鞭寿命约14年，竹鞭在疏松、肥沃、湿润的土壤中，一年可穿行生长4～5米。夏末秋初，竹鞭上的部分侧芽形成笋芽，冬季肥大成笋，称为冬笋。冬笋形小量多，味最鲜美，且常不及成竹即腐朽，故可及早挖掘食用。春笋在旬平均温度10℃左右时破土而出，生长高峰期一昼夜可达1米左右，新竹40～50天长成。毛竹竹秆高大、端直挺秀，叶青翠欲滴、秀丽可爱，可点缀大型绿地空间或作围庄林大面积种植。宜溧山区广布的毛竹林一眼望不到边，由于路窄再加山道的曲度，形成了深幽的"云山竹海"景观，吸引众多中外游客慕名前往。

早园竹（*Phyllostachys praecox*）：又名雷竹。秆高6～10米、径4～8厘米，节间短而均匀，分枝二叉；新秆节下有一圈白粉环，基部节间常具淡绿黄色的纵条纹。每小枝5～6叶、多达9～10叶。笋期3月下旬至4月上旬或更早，故谓之早竹；出土后经25～30天生长成为幼竹，放叶10～20天后幼秆生长即告完成。喜温暖湿润气候，在年平均温度15.3℃、年降水量1 400毫米的地区生长良好；能忍耐−13.1℃的低温，但竹秆壁薄性脆，易遭雪压折断。要求疏松的沙质壤土，pH微酸至中性，最适合生长于土层深厚肥沃、排水良好、背风向阳的山麓平缓坡地或房前屋后平地，在积水严重的低洼地、高山风口不宜栽培。早园竹笋味美、产量高、出笋早，有"笋用竹之王"的美称，是名符其实的山珍，既有较高的经济效益，又可以美化乡村环境，防止水土流失，实现三大效益完美结合。

紫竹（*Ph. nigra*）：又名黑竹。秆高3～6米、径2～4厘米。新秆淡绿色，密被细柔毛，有白粉，一年生后渐变为紫黑色。箨环与秆环均隆起。笋期4月下旬，秆箨淡红褐色或带绿色。分枝较高，小枝上具小叶2～3枚。原产我国，分布于浙江、江苏、安徽、湖北、湖南、福建、陕西等地。抗寒性强，能耐−20℃低温。与琴丝竹、碧玉间黄金竹、黄金间碧玉竹等彩色秆竹种混植，可以丰富色彩变化。

罗汉竹（*Ph. aurea*）：又名人面竹。秆高3～5米，劲直；基部或中部以下数节常呈畸形缩短，节间肿胀或缢缩，节有时斜歪。新秆绿色、有白粉，老秆黄绿色或黄色。秆环与箨环均微隆起。笋期4月，秆箨淡褐黄色，箨叶淡紫褐色或绿色略带红色。原产我国，分布于浙江、江苏、安徽、江西、福建、四川。抗寒性强，能耐−18℃低温，20世纪80年代后北京、山东、陕西引种栽培。与佛肚竹、方竹等秆具特殊变化的种类配植，增添景趣。常盆栽，供室内植物装饰。

②方竹属（*Chimonobambusa*）：灌木或小乔木状，单轴散生型。秆圆筒形或微呈四方形，常于分枝之一侧扁平或具沟槽。基部数节常各具一圈刺瘤状气根；每节具3分枝。箨叶微小直立，三角形或锥形，横脉显著。本属约15种，分布于我国、日本、中南半岛等地；我国现有3种。竹笋出于深秋，笋味最美。

方竹（*Ch. quadrangularis*）：秆高3～8米、径1～5厘米。节间下部方形、上部圆形，秆环隆起。箨鞘厚纸质、无毛，具多数紫色小斑点；箨叶极小或退化。第一节枝常单生，第二节以上常3枝，再上为更多枝簇生。叶窄披针形、质薄，常3～5枚生于小枝；叶鞘革质、无毛，鞘口有须毛。产我国江苏、浙江、福建、台湾、广东、广西以及秦岭南坡等地。四季均可发笋，故名四季竹，观赏效果奇佳。

③簕竹属（*Bambusa*）：乔木或灌木状，合轴丛生型。秆枝多数、簇生，直立或近直立。秆箨较迟落，箨叶直立、宽大；箨鞘厚革质至硬纸质。叶线状披针形，基部具短柄；叶鞘常具不同型的叶耳。约70余种，我国产30余种。

孝顺竹（*B. multiplex*）：又名观音竹。丛生型灌木状，秆高2～7米、径1～3厘米，节间幼时绿色、老时变黄色。秆箨宽硬，先端近圆形；箨叶直立，三角形。箨鞘硬脆，厚纸质。小枝叶5～10枚，线状披针形，叶表深绿色、叶背粉白色。原产我国，分布于华南、西南、华东等区。性喜温暖湿润气候，为丛生竹中耐寒竹种之一，适生排水良好、湿润的土壤。株丛秀美，最宜植于园中角隅或亭台旁，亦常在塘边、河岸栽植。变种：凤尾竹（var. *nana*），植株矮小，秆高常1～2米，径不过1厘米，秆枝稠密、纤细，枝端弯曲；叶细小，常20枚排生于枝两侧似羽状。为著名观赏竹种，常盆栽观赏或作绿篱。变型：花孝顺竹（f. *alphonsekarri*），初夏出笋，竹箨脱落后，秆枝鲜黄色。秆上有显著绿色纵纹，阳光照耀下显鲜红色，极美丽，为著名观赏竹种。

佛肚竹（*B. ventricosa*）：乔木或灌木状。秆高可达5米，秆两型，正常秆节间圆筒形，畸形秆节间甚密、基部显著膨大呈瓶状。幼秆深绿色、稍被白粉，老时变榄黄色。秆基部的箨叶直立、上部的稍外翻，具脱落性；箨鞘无毛，初时深绿色、老后橘红色。叶卵状披针形，背面被柔毛。广东特产，景观效果奇特；北方冬寒地区多盆栽观赏，秆高仅50厘米左右，膨大肿节性状易退化。

④慈竹属（*Neosinocalamus*）：乔木状，合轴丛生型。秆直立或近直立，梢部呈弧形弯曲或下垂如钓丝状，节间圆筒形。箨叶小，极少直立；箨鞘硬革质、大型。箨舌发达，且具流苏状毛。秆枝多数簇生，其中主枝较粗而长。叶片宽大，叶舌显著。该属共20余种，

多分布于亚洲东南部；我国产10种。

慈竹（*N. affinis*）：秆顶梢细长作弧形下垂，秆高5～10米、径4～8厘米；节间有灰色或褐色小刺毛，上部节间尤为显著；箨环显明，有白色茸毛带。6月出笋，持续至9～10月；笋箨绿色，枯落时淡棕色，革质、硬脆，干后不脱。分枝习性中等，枝条细短，密集呈半轮生状、主枝不突出。枝上各节无芽，叶9～12枚着生小枝先端。原产我国云南、贵州、广西、湖南、湖北、四川及陕西南部各地，西南地区绿化中常用。栽培观赏品种有：金丝慈竹（'Viridiflavus'），节间分枝一侧具黄色纵条纹，产四川，浙江南部有栽培。大琴丝竹（'Flavidorivens'），节间有淡黄间深绿色纵条纹，分布四川，广东、浙江南部有栽培。

⑤箬竹属（*Indocalamus*）：灌木状，复轴混生型。秆直立，秆箨宿存。每节通常分枝1、少有3，与主秆粗细相仿。叶片宽大。该属共30余种，分布于斯里兰卡、印度、马来西亚和菲律宾；我国产10余种。

阔叶箬竹（*I. latifolius*）：秆高约1米、径5毫米，每节分枝1～3。箨鞘质坚硬，鞘背具棕色小刺毛。末级小枝具叶3～4枚，长椭圆形、背面略生微毛，叶大可作斗笠。原产我国华东、华中及陕西秦岭1 000米以下的向阳山地和河岸。绿化应用可作地被覆盖。

小叶箬竹（*I. victorialia*）：秆高1～1.5米、径5毫米，节上被黄色茸毛。秆环隆起，箨环木栓质，箨鞘近革质。末级小枝具叶3～4枚，叶片宽披针形，叶型较小、美观。分布于四川、浙江等地，可用作庭院、山石点缀。

⑥筇竹属（*Qiongzhuea*）：灌木状，复轴混生型。3分枝，且再次分枝。秆环隆起或极度隆起呈一圆脊，节内不具气生根。秆箨早落，箨叶窄小不发育。笋期春季。

筇竹（*Q. tumidinoda*）：又名算盘竹。秆高4～7米、径1～3厘米，棕紫色，秆环极度肿胀，远较节间为粗；具扣盘状之关节、易脆断，小枝节亦隆起呈算盘珠状。小枝束状，每枝有叶3枚以上。分布于四川、云南连接地区，南京、杭州及其他南方乡村亦栽植观赏。筇竹秆节奇特，枝叶纤细，为名贵观赏竹，要求土壤疏松、湿润、气候温暖。笋肉味美，通常制作笋干外销。

细秆筇竹（*Q. intermedia*）：秆高1.5～3.5米、径0.4～1厘米，基部近实心；幼时微被白粉，秆环在分枝以上明显隆起呈脊。箨鞘早落，笋期4月。分布于四川。

⑦赤竹属（*Sasa*）：灌木状，复轴混生型。秆型矮小，节通常肿胀或平。每节1分枝，秆箨宿存，通常短于节间。箨鞘厚纸质至革质，箨叶披针形至狭三角形。每枝有叶5～7枚，叶大型。

菲白竹（*S. argenteastriatus*）：秆高10～30厘米，每秆2至数分枝或下部为1分枝，小枝有叶数枚。叶鞘淡绿色，鞘口有数条白色纤毛。叶狭披针形，绿色中夹有不规则的明显白色纵条纹，叶缘有纤毛、有很明显的细横脉，叶柄极短。笋期4～5月。原产日本，我国引入栽培。耐阴、夏季怕炎热及烈日曝晒，喜温暖及湿润气候；浅根性，喜疏松、肥沃、排水良好的沙壤土。秆低矮，适宜林下作地被栽培，或嵌植于山石旁作景观树应用，也可用于盆景中作配植栽培。

菲黄竹（*S. auricoma*）：秆高20～40厘米，每秆数分枝，每小枝着披针形叶6～8枚。初夏时，黄色的叶片上出现大量绿色条纹；至仲夏，叶片上的绿色条纹与黄色底色界限模糊。在日本被广泛用于室外地栽或室内盆栽，南京、杭州有引种。

爬地竹（*S. argenteastriatus*）：秆高30～50厘米，径0.2～0.3厘米，节间长约10厘米。箨鞘绿色，节下具窄白粉环。箨鞘基部具白色长纤毛，边缘具淡棕色纤毛。秆下部箨叶小，至上部才为叶片状，卵状披针形，偶具黄或白色纵条纹。笋期4～5月。分布于浙江、江苏。宜于庭院铺地栽植。

翠竹（*S. pygmaea*）：秆高20～40厘米。根浅生，不耐干旱。原产日本，浙江、江苏、上海引入栽培。株丛特别低矮，适于作大型盆景的盆面地被栽植。变种：无毛翠竹（var. *disticha*），又名日本绿竹。秆高20～30厘米，每节1分枝，枝直伸、较长。秆箨短于节间，无毛。每小枝具披针形叶4～10枚，两列状排列，翠绿色。极适于作地被与盆栽观赏。

⑧芦竹属（*Arundo*）：复轴丛生型多年生亚木本。灌木状，秆直立，株高可达1～2米。茎圆形，老化后中空。叶片扁平，线状披针形，弯垂，灰绿色，根状茎肥厚多节。花期秋季，圆锥状花序较密，直立，初花时带红色，后转白色。

花叶芦竹（*A. donax* var. *versicolor*）：芦竹变种，叶面有白色条斑。原产地中海沿岸，美洲、亚洲有野生分布；我国东起台湾，西至云南、四川、贵州，南达广东、广西，北至河南、山东以及长江流域各地均有分布。光照适应性强，但以强半日照条件下叶色最为美丽，生长在阴暗处斑纹会消退。喜温暖，生育期适温15～25℃，夏季要求阴凉通风。喜湿，喜肥沃土壤。耐盐碱，在微酸性土壤中生长良好。每年春季修剪整枝一次；栽植数年后植株丛密，应强行分株栽培。秆型挺直，株型秀丽；鲜绿叶面上的白色条纹，绿白相间，色泽秀美；秋冬间（9～12月）秆顶抽穗，似鸟雀羽毛状的淡黄色圆锥花序更添妩媚，是园林湿地植物配置中的上佳选择，常植于人工岛屿亲水岸边及湖边、池畔，以增添自然野趣，升华景观档次。枝叶是优美的插花素材，盆栽欣赏亦极为高雅。

京竹

竹笋/竹叶

毛竹

黄金间碧玉竹（竹笋、竹箨）

湘妃竹

黄秆乌哺鸡竹

罗汉竹

花孝顺竹

龟甲竹

菲白竹

菲黄竹

锦竹

鹅毛竹

大明竹

江山倭竹

阔叶箬竹

凤尾竹

花叶芦竹

7.4.7 棕榈科植物

棕榈科是单子叶纲中一个非常特殊的类群，也是最主要的热带树种代表科之一。棕榈科植物从生态习性上可分为热带、耐寒、沙漠、阴生四种类型，主要分布在南纬37°和北纬37°之间，也有少数分布在北亚热带区和温带区，部分分布至海拔2 300米的高山。因此，耐寒棕榈的推广大有可为：如刺葵属的一些种可在极端低温−6 ～ −8℃的地区试种，长穗棕属和智利棕属的个别种可耐−10℃极端低温，布迪椰子属和蒲葵属的个别种可望推至极端低温−12℃的广大亚热带地区。

棕榈科植物约起源于白垩纪，目前存200余属3 000种左右，在叶片形状上有羽状叶和掌状叶之分：具羽状叶的称为椰子，喜高温高湿环境条件，以热带性居多，如布迪椰子；具掌状叶的则称为棕、榈或葵，较为耐寒，如棕榈、棕竹、蒲葵。我国原产约18属近100种，其中许多种类为中国特有种或中国区系代表种，目前应用较普遍的有鱼尾葵、蒲葵、棕榈和棕竹属的一些种。我国栽培的棕榈植物约2/3从国外引进，早期引入的有棕榈属的一些种，近10年来开发应用的丝葵、加那利海枣、布迪椰子等耐寒品种，为广大温带地区营造南国风光的绿化树木建植模式提供了可贵材料。目前江苏常见应用的如下。

（1）露地栽培用种。

棕榈（*Trachycarpus fortunei*）：棕榈属。茎单生，干高可达10米、径达20厘米，叶鞘纤维化。叶簇生干顶，近圆形、径50 ～ 70厘米，掌状深裂达中下部；叶柄长40 ～ 100厘米，两侧细齿明显。雌雄异花，花期4 ～ 5月，圆锥状肉穗花序腋生，小花黄色。原产中国，长江流域500千米广阔地带分布最多，日本、印度、缅甸也有分布。棕榈属植物约8种，成年树可耐−15℃以下低温，河南、山东已引种成功。野生棕榈往往生长在林下和林缘，有较强的耐阴能力，幼苗则更为耐阴。根系浅，须根发达，能耐一定的干旱与水湿；喜排水良好、湿润肥沃的中性、石灰性或微酸性的黏质壤土，耐轻盐碱土。生长缓慢，寿命达100年以上。

丝葵（*Washingtonia filifera*）：又名华盛顿棕。丝葵属。茎单生，干高10 ～ 20米，近基部径可达1.3米；茎干呈浅灰色，表面横向叶痕明显，茎干上端密覆下垂的干枯叶片。大型掌状叶直径可达1.8米，约分裂至中部，在裂片之间及边缘有灰白色的丝状纤维。花序大型，从管状的一级佛焰苞中抽出几个大的分枝花序。果实卵球形，亮黑色，顶端具宿存花柱。原产美国加利福尼亚州南部、亚利桑那州东部及墨西哥，我国长江以南地区有引种栽培。喜温暖湿润，成龄树能耐−12℃低温。喜光，也耐阴。抗风、抗旱力均很强，喜湿润、肥沃的黏性土壤。适应性强，热带海滨至亚热带地区均可栽培，适宜作行道树及园景树，装点于立交桥畔、别墅宾馆周围。在公园、广场、河滨等较宽阔地带，可孤植或群植，营造出绮丽多姿的热带风光。

布迪椰子（*Butia capitata*）：弓葵属。茎单生，干高4 ～ 6米，常有老叶柄（鞘）残基与叶鞘纤维。叶羽状全裂，羽片25 ～ 50对，长线状披针形、革质灰绿色，在叶中轴斜向上伸出、先端下弯，叶面灰绿色、背面粉白色；叶长达2米，呈弧形弯曲、有时下弯几近茎基部；叶柄细长，边缘有明显的尖齿。果期9 ～ 11月，卵圆形，熟时红色。原产巴西、乌拉圭等地，我国华东及东南地区引种栽培。耐寒性较强，生长缓慢。同属约6种，均树姿优美。

加那利海枣（*Phoenix canariensis*）：又名长叶刺葵。刺葵属。茎单生，干高可达10～15米，粗可达60～80厘米，上覆以不规则的老叶柄基部。叶大型，呈弓状弯曲，集生于茎端。单叶长可达4～6米，羽状全裂，有小叶150～200对，形窄而刚直、端尖；上部小叶不等距对生，中部小叶等距对生，下部小叶每2～3片簇生，基部小叶成针刺状。叶柄短，基部肥厚，黄褐色；基部的叶鞘残存在干茎上，形成稀疏的纤维状棕片。花期5～7月，肉穗花序从叶间抽出，多分枝。果期8～9月，果实卵状球形、先端微突，成熟时橙黄色、有光泽。原生在非洲西岸的加那利岛，1909年引种到我国台湾省，20世纪80年代引入祖国大陆。成龄树能耐-10℃低温，为棕榈科植物中耐寒能力最强的品种之一。加那利海枣单干粗壮，直立雄伟，富有热带风情，是国际著名的景观树；其优美舒展的球形树冠、紧密排列的扁菱形叶痕、粗壮茎干以及长长的羽状叶极具观赏价值，在中国长江流域及以南地区常用其营造热带风景，应用于公园造景、行道绿化。

（2）室内绿植用种。

棕竹（*Rhapis excelsa*）：棕竹属。丛生灌木状，茎有节，株高4～6米。叶掌状深裂，裂片4～10枚，叶脉疏显，条形叶柄长10～20厘米。产我国南部至西南部，喜温暖、湿润和半阴环境，怕强光曝晒。不耐寒，生长季适温13～18℃，越冬温度不低于5℃。适生肥沃、排水良好的微酸性沙壤土。棕竹四季常绿，叶形优美、挺拔潇洒，盆栽观赏作室内绿化装饰，尤适于大型会场台侧或作背景用，风采典雅，格调清丽。变种有斑叶棕竹（var. *variegata*），叶片具有金黄色条斑。同属种：矮棕竹（*R. humilis*），植株稍矮小，掌状叶深裂，裂片7～20枚，较柔软。粗棕竹（*R. robusta*），植株矮小，掌状叶2～4深裂，裂片披针形。细叶棕竹（*R. gracilis*），株高1米，掌状叶深裂，裂片数2～4枚，长条状，具切状齿缺，尤适于小型室内空间的盆栽绿饰。

蒲葵（*Livistona chinensis*）：蒲葵属。茎单生，干高10～20米，径20～35厘米。叶阔扇形，掌状浅裂，直径达1米以上。喜光，略耐阴，抗风力强，并耐短期水淹，对氯气、二氧化硫抗性强。原产华南，粤、桂、闽、台栽植普遍；能耐-5℃低温，内陆地区以湘南、桂北、滇中为分布北限，滨海地区可北延至沪宁一线，但需采取越冬保护措施。叶丛婆娑，为优美园景树及庭荫树种，尤适海滨群植。常见同属种有：澳洲蒲葵（*L. australis*）、越南蒲葵（*L. cochinchinensis*）、裂叶蒲葵（*L. decipiens*）、圆叶蒲葵（*L. rotundifolia*）、高山蒲葵（*L. saribus*）等。

散尾葵（*Chrysalidocarpus lutescens*）：散尾葵属。灌木或小乔木状，株高5～8米，基部多分枝，丛生。茎黄绿色，叶痕明显、似竹节。叶羽状复叶，平滑细长，叶柄尾部稍弯曲，羽状小叶线形、浅绿色。果实紫黑色。原产马达加斯加岛。喜高温多湿和半阴环境，怕强光曝晒。不耐寒，生长季适温20～25℃，越冬温度不低于10℃。适生腐殖质丰富、疏松的沙质壤土。株形优美，兼竹的风韵和棕榈的热带情调，又有耐阴和管理方便的特点。盆栽布置居室小型空间，清幽淡雅；绿饰宾馆、商厦、车站等公共场所，典雅豪华。在南方与其他高大棕榈类树种露地配置，优美雅致。切叶作插花素材，应用广泛。

鱼尾葵（*Caryota ochlandra*）：鱼尾葵属。乔木状，干高达20米。二回羽状叶，全裂，近对生；每侧羽片14～20枚，中部较长、下垂。裂片厚革质，酷似鱼鳍，端延长成长尾；叶轴及羽片轴均被棕褐色毛及鳞秕，叶柄长1.5～3米。叶鞘巨大，长约1米，长圆筒形，抱茎。耐阴，喜湿润酸性土。原产中国南部，粤、桂、闽、云等地低海拔林中，为本属中最耐寒种，能耐−5℃左右短暂低温。树姿美丽，叶形奇特，为良好的盆栽绿化树种，陈设厅堂，绿叶婆娑，如游鱼在即。同属乔木型种，如董棕（*C. obtusa*），产印度和泰国北部及我国西双版纳，原产地分布至海拔 100 米高山，能耐−4℃低温；灌木型种，如肯氏鱼尾葵（*C. cumingii*）、短穗鱼尾葵（*C. mitis*）等，较不耐寒。

7.4.8 盆景树

盆景始创于中国，历史悠久，源远流长。它以自然植物为主要材料，是自然美和艺术美有机结合的典范，并且随着时间的推移和季节的更替呈现出景色的变换，是一种活的艺术品。1981 年中国花卉盆景协会成立，1988 年中国盆景艺术家协会成立。江苏省已建有若干省级盆景示范基地，村镇专类盆景园和个人收藏园也愈见增多，成为乡村绿化又一道靓丽的风景。

中国幅员辽阔，气候各异，自然景观各具特色，树木、山石资源各有千秋，加之传统文化、审美习俗的差异，盆景的地方流派也形式多样。

以扬州为代表的扬派盆景，以松、柏、榆、黄杨等为主要树种，采用棕丝精扎细剪达"一寸三弯"的极致，将枝叶整成云片状，造型严整、清秀。

以苏州为代表的苏派盆景，以榔榆、雀梅、三角枫、梅等为主要树种，采用棕丝"粗扎细剪"，将枝叶整成云朵状，格调清泊、古雅。

以四川为代表的川派盆景，以罗汉松、银杏、金弹子、六月雪、贴梗海棠等为代表树种，将枝叶整成盘碟状，主干弯曲，虬龙多姿。

扬派"云片状"

苏派"云朵状"

川派"盘碟状"

展示园

以广东为代表的岭南派盆景则以雀梅、榔榆、九里香、福建茶等为主要树木种，采用蓄枝截干的整形手法，布局自然、豪放。

（1）盆景制作。中国盆景，以植物、山石、水土等为材料，经艺术处理和绿化加工，藉方寸之器集中、典型地表现大自然的优美景色；以景抒情，挥就深远的山水画轴；缩龙成寸，追求小中见大的艺术效果。

盆景依照其创作材料、表现对象及造型特征的不同，主要分为树木盆景和山水盆景两大类别，以及水旱盆景、花草盆景、微型盆景、挂壁盆景和异型盆景等衍生的类型。

树木盆景以绿化树种为主要材料，通过技术加工和园艺栽培，在盆器中表现自然界的树木景象。树木盆景的造型，可分直干、斜干、卧干、曲干、双干、多干、垂枝、藤蔓、丛林、连根、提根、临水、附石、贴木、枯峰、悬崖等样式。

山水盆景以自然山石为主要材料，经过工艺加工布置于浅口水盆中，表现自然界的山水景象。艺术造型主要有孤峰、双峰、群峰、偏置、散置、开合、悬崖、峡谷等样式。

水旱盆景是山水盆景与树木盆景相结合的产物，在盆器中表现水面、旱地、树木、山石兼而有之的自然景观。常见造型有水畔、溪涧、江湖、岛屿等样式。

微型盆景则以体量来定义，指树高或盆长在10厘米以下的盆景。挂壁盆景是垂直悬挂在墙上的直立置景形式。异型盆景则是在特殊的器皿里进行造型加工的盆景。

（2）盆景创作。树木盆景是经艺术加工的生命有机体，必须按照自然材料的特点，因材处理，因势利导，确定造型和表现主题，使作品达到自然美和艺术美的有机结合。"外师造化，中得心源"是盆景创作的重要原则，贵在源于自然，汲取创作素材；超越自然，再现自然景观。盆景艺术，不仅要逼真地反映出自然景物的形貌，而且更要表现景物生动而鲜明的神态和独具匠心的个性，达到"形神兼备"的境界。通过高低、起伏、疏密、开合等变化，表现出一种节奏和韵律，各部之间顾盼呼应、有机结合，以传达人的情感，增强作品的表现力。

盆景要在些微之中表现出偌大的境界，必须遵循透视法则。景物的体量、尺度，应比例恰当，合乎自然情理，才能体现小中见大的观赏效果；景有尽而意无穷，才能耐人寻味，百看不厌。中国盆景素以诗情画意见长，"景愈藏则境界愈大，景愈露则境界愈小"，盆中景物不可一目了然，而应露中有藏，利于意境的创造，引发观者的深思。首先，布局要做到"主次分清"，采取对比和烘托的手法，使主体突出；"繁中求简"，抓住景物特点，使立意更加集中和典型。再者，布局要"虚实相生"，使观者能有自由想象的天地；"动静相衬"，使作品显出生气与度势。

中国盆景作品的命名，多以古代诗词的佳作为源泉，以扩大和延伸作品所能表达的意境，起到"画龙点睛"的作用，升华作品主题，提高欣赏价值。造型优美的盆景，必须选配大小适中、深浅恰当、款式相配、色彩协调、质地相宜的盆器，才能成为完美的艺术品。树木盆景多采用紫砂盆和釉陶盆，大型的也常用石盆，盆的底部需有出水孔以利排水。

（3）盆景树种的选择。一般以盘根错节、叶小枝密、姿态优美、色彩亮丽者为佳，若有花果、具芳香，则更为上乘。此外，还要求具有萌芽率高、成枝力强、耐修剪、易造型、病虫少、寿命长等生物学特性。我国目前使用的树木盆景材料有100～200种，通常可分为以下六类。

①松柏类：五针松、黑松、黄山松、圆柏、罗汉松、澳洲紫杉等。

②杂木类：榔榆、黄杨、雀梅、九里香、朴树、福建茶等。

③叶木类：三角枫、鸡爪槭、银杏等。

④花木类：贴梗海棠、西府海棠、梅花、蜡梅、杜鹃等。

⑤果木类：石榴、火棘、金弹子、老鸦柿、佛手等。

⑥藤木类：络石、紫藤、忍冬、常春藤等。

常见优良栽培树种有：

日本五针松（*Pinus parviflora*）：常绿乔木，树高10～30米。树冠圆锥形，树皮灰黑色，呈不规则鳞片状剥落。一年生小枝黄褐色、有毛，冬芽卵形褐色。针叶5枚一束，叶较短，通常3.5～5.5厘米。我国长江流域及青岛各地广泛引种栽培，因长期嫁接繁殖，其性状、适应性亦有所改变，尤以高生长受到限制，形成灌木状小乔木。温带树种，喜生山腹干燥之地，能耐阴，忌湿畏热。对土壤要求不严，除碱性土外都可适应，而以微酸性黄壤最为合适。日本五针松干枝苍劲、翠叶葱茏、偃盖如画，集松类气、骨、色、神之大成，为珍贵绿化树种，多作重点配置点缀。最宜与山石配置成景，或配以牡丹、杜鹃，或以梅为侣、以枫为伴；在建筑物主要门庭，纪念性建筑物前对植，苍劲古朴，生机盎然。经艺术加工，悬崖伸探、石峰挺秀，为树桩盆景之珍品。

罗汉松（*Podocarpus macro*）：罗汉松科，罗汉松属。常绿乔木，树高达20米。树皮灰褐色或灰色，浅纵裂，呈薄片脱落。枝开展，叶条状披针形，基部楔形。产长江流域以南至广东、广西、云南、贵州，日本亦有分布，海拔1 000米以下为适生区。半阴性树种，喜生于温暖湿润处。耐寒性较强，地植为优雅的园景树，配置方式多样，但在华北只能盆栽。喜排水良好而湿润的沙壤土，在海边也能生长良好。罗汉松树形优美，绿叶清香，绿色种子之下有比它大10倍的红色种托，好似披着红色袈裟正在打坐的罗汉，颇富奇趣，为优良的传统盆景树种。矮化及斑叶品种，更适盆栽观赏、盆景树应用。

瓜子黄杨（*Buxus sinica*）：黄杨科，黄杨属。常绿小乔木，常呈灌木状，树高达7米。树皮淡灰褐色、浅纵裂，小枝具4棱。产华北、华东及华中。较耐阴，喜生于石灰岩山地、溪边，以深厚肥沃中性土生长良好。浅根性，生长慢，耐修剪。对多种有毒气体抗性强，并能净化空气。瓜子黄杨枝条柔韧，叶厚光亮，翠绿可爱，盆景树造型效果极佳。小乔木栽植可作为园景树应用，如与山石相配尤觉雅致。

红果冬青（*Ilex corallina*）：又名珊瑚冬青。冬青科，冬青属。常绿乔木，树高达10米，树皮灰青色、平滑不裂。叶互生，薄革质，长椭圆形，先端渐尖，疏生浅齿。雌雄异株。花期5～6月，聚伞花序簇生于二年生小枝的叶腋内，花淡紫红色；雄花序的分枝具1～3朵花；雌花序的分枝具单花。果熟期10～11月，果近球形，深红色。分布长江流域及以南地区，生于杂木林中。喜光、耐阴，不耐寒。喜肥沃的酸性土，较耐湿，但不耐积水。深根性，抗风能力强。萌芽力强，耐修剪。红果冬青树冠高大，四季常青，秋冬红果累累，经久不落（一般从当年10月到翌年4～5月），是重要的观果盆景树种；亦可孤植于草坪，列植于门庭，作园景树栽培。

观果（海棠）

观干（圆柏）

观叶（三角枫）

观花（杜鹃）

观花（紫藤）

微型盆景

第8章
乡村绿化的规划设计

8.1 规划设计原则

8.1.1 自然、自由、自主

"自然"是布局自然，主要是指绿化的位置要自然，要与地形地貌相结合，与乡村空间形态相结合，与乡村的建筑相结合，与住宅的庭院相结合。

"自由"是布点自由，主要是指绿化的排列组合要自由，沿水而展，遇房而变，随路而转。

"自主"是选植自主，主要是指选择栽植的绿化品种由村民自主。

8.1.2 乡土化

优先选择本地乡土树种，一来利于花木顺利成活，良好生长；二来可延续乡村现有风貌，展现地域特色。

依据地域气候、土壤特点选择栽当地易存活、利生长的植物种类。如在气候特别干燥、土壤又较贫瘠的地方选择合欢、阿丁枫、杨梅、乌桕、重阳木、天竺桂等较耐干旱的乡土树种，在比较湿润的地方选择枫杨、池杉等树种，在光照较强的地方选择枫香、喜树、楝树等。

8.1.3 经济性

（1）**充分利用现有资源。**乡村绿化建设应充分利用现有资源条件，对现有的绿化进行适当改造与整修，尽量保留利用现有树木和生态架构，保护村中的河、溪、塘等自然水体，发挥其防洪、排涝、生态景观等多用功能作用。

（2）**考虑苗木和养护成本。**乡村绿化应以苗木成本低的本地适生品种为主，以适应村民和村集体经济能力；慎用异地树种和花草，慎铺草坪，以减少绿化种植的成本和养护成本。

（3）**与家庭经济相结合。**乡村绿化可考虑与发展产业和庭院经济相结合，一方面改善乡村环境，另一方面还可以增加村民收入。

8.1.4 多样性

（1）**生物多样化。**遵循自然规律，促进乡村绿化品种的多样性，使之形成丰富的生物链，保证树种的自然、健康生长。

（2）**景观多样性**。结合乡村绿化品种的多样化，合理安排不同体量、不同色彩、不同观赏特点的各类植物，使之与建筑等其他景观要素有机组合，形成乡村丰富的景观系统。

8.2 规划设计布局

8.2.1 村口绿化

乡村规划中宜将村口作为绿化的重点区域。村口绿化应自然、亲切、宜人，适宜集中体现地方特色与标志性。村口绿化植物选择应注意景观效果，可结合环境小品、活动场地、建构筑物等共同营造良好的村口景观。

8.2.2 游园及公共绿化空间

游园多结合乡村公共服务设施布置，形成乡村的主要公共活动场所。游园内植物品种可以适当丰富，同时结合游憩功能，设置座椅、健身设施等，可适当布置乡土小品进行点缀。

公共绿化空间是体现乡村景观形象的重点，应结合周边公共设施布置绿化景观，植物品种宜以观赏类乔木与花灌木搭配为主，形式简洁、美观，景观风貌应自然、亲切、宜人，并能体现地方特色与标志性。应努力避免采取磨光石等人工性太强的材料。

8.2.3 "四旁"绿化

（1）**村旁**。乡村周围适宜形成环村林带，以高大乔木为主，适当配植中高乔木和灌木，形成乡村的自然边界，既可有效遏制乡村的无序扩张，也可对乡村外地噪声、沙尘、废气等起到隔离作用，还可以作为乡村与周边自然环境的生态过渡带。

（2）**宅旁**。宅旁绿化应充分利用屋旁宅间的空间，以小尺度绿化景观为主，见缝插绿，不留裸土，改善居民生活环境品质。绿化种植结合空地形状自由布置，使庭院绿化有机延伸，与公共绿化相互渗透。植物品种以小乔木与花灌木为主，保持四季常绿、居所优美。

（3）**水旁**。水旁绿化应充分结合亲水设施安排，形成具有特色的滨水绿化空间。植物品种以亲水植物（如柳、水杉、枫杨等）和水生植物（如芦苇、菖蒲、鸢尾、荷花等）为主，布置方式宜生态、自然，形成以水为特色的植物景观。

（4）**路旁**。路旁绿化根据道路等级不同可分为以下几种情况：路面较宽且路边距建筑物较远，有充分绿化空间的，可选择一些大树冠的高大乔木，宜以落叶乔木为主，以使夏有树荫、冬有阳光；路面较窄或路边距建筑物距离较小的，可选择一些小树冠的树种或灌木进行绿化，绿化的栽植形式可灵活多样。总体原则是使绿化和建筑空间关系疏密有致，形象相互衬托，并且不妨碍路面交通。

8.3 规划设计案例

一、水网地区自然型乡村绿化模式——以无锡市东港镇朝东巷、陆家弄为例

乡村绿化是新农村环境建设的重要内容之一,对于改善村容村貌、提高农村人居环境质量、建设人与自然和谐共处的绿色家园具有重要意义。

苏南地区是我国经济社会发展最快的区域之一,但农村绿化的基础相对较薄弱,尤其是在一些自然村落的绿化率普遍较低,有的只见房屋、不见树木,且村容村貌较差。近年来,各级政府及有关部门对乡村绿化工作高度重视,积极组织和引导群众建设了一批新农村绿化示范村。虽然有学者对乡村绿化建设的思路、模式、树种选择等方面也进行了有益的探讨,但由于影响乡村绿化的因素较多,目前尚没有较成熟的绿化模式可循,因此也是当前造林绿化工作中的一个难点。

本文以无锡市东港镇南林村朝东巷、陆家弄的乡村绿化与环境综合整治建设为例,对苏南水网地区自然型乡村的绿化模式进行了探讨。

1. 基本概况

朝东巷和陆家弄是隶属于江苏省无锡市锡山区东港镇南林行政村的两个自然村,位于无锡市东北部,距无锡市区约30千米,北临锡东大道,南依东港镇江南水稻示范园区。两个乡村由一条东西向的小河分隔,总住户数为77户,居住人数约为235人。乡村建设规划范围总面积约5.3公顷,其中水面面积约占31.2%,现有建筑及硬质场地面积占25%。该地区属典型的长三角平原水网地区,自然分布有两条较长的河流和多个小水塘,水面面积接近占总面积的1/3,自然环境较为原始古朴。村内民房大多为20世纪80年代末至90年代初翻建的简易两层楼房,房屋建筑的布局较为零乱,缺少风格和特色。村内的一条沙石路面道路较为狭窄,主干道至各农户家没有形成道路网络。河道、水塘河底淤泥积累过多,河水受到一定程度的污染

两个乡村的绿化已有一定的基础,村内分布有一些种植多年的大树,主要树种有樟、水杉、刺槐、楝树、榉、枫杨、构树、柳和淡竹等乡土树种。但乡村绿化的总体状况较差,主要表现在缺少绿化整体规划布局、随意性很大,绿地缺乏连贯性、破碎化现象严重,缺少季相变化丰富的观花、观果树种,没有设置一定的公共活动绿地空间,一些可用于绿化的空地被堆放的杂物、垃圾占用。

2. 乡村绿化的主要原则

2.1 尊重自然 对于自然型乡村的绿化建设,首先保护好原有的自然植被与生态环境,保护村内的每一棵大树,不搞砍所谓的"杂树"种风景树,不搞大量的人工景点。绿化树种选择做到以乡土树种为主,适地适树,努力保持乡村自然古朴的江南水乡风貌。

2.2 以人为本 在乡村绿化与环境整治中,充分考虑农村的实际情况和农民生活的需求,以改善和提高村民的生产、生活质量为前提,因地制宜,形成人与自然和谐共处的人居环境。

2.3 人文关怀 绿化建设尊重当地的村风民俗和农民意愿,体现人文关怀,如村中少栽松柏类树木(通常认为阴气较重,一般在坟地种植),宅旁"前不栽桑,后不栽柳",多

种榉树、梧桐树、柿树、枣树、石榴等吉祥树种。同时，通过环境改造与绿化建设，美化村容村貌，提高村民的生态文明意识，普及生态文化，增强对家乡的归属感和凝聚力。

3. 绿化的主要模式

3.1 宅旁绿化 宅旁绿化与农民生活的关系最密切，因此在充分尊重农民意愿的基础上将绿化树种及配置模式采用菜单形式推荐给村民自愿选择，主要采用"前低后高"模式。即村民房前的绿化景观要求开敞通透、不遮挡阳光，以种植花灌木或疏植小乔木为主，根据群众的喜好选择观果类植物如柿树、枣树、柑橘、梨树、杨梅、枇杷、石榴、桃等，观花类植物如梅、海棠、木槿、紫薇、月季、杜鹃花等；观叶类植物如红枫、紫叶李等，闻香类植物如桂花、蜡梅、栀子、含笑、金银花等。屋后及两侧绿化栽植淡竹、刚竹等竹园模式，或樟、女贞、广玉兰等常绿树种与榉、朴树、栾树、梧桐、香椿、水杉、落羽杉等落叶高大乔木树种混交模式，增加房屋后面的绿荫和冬季防风效果。有的房屋两侧空地较大已开辟为菜园的，则尊重村民的意愿适当保留小菜园，菜园的四周种植小叶黄杨、红叶石楠、海桐等绿篱，保证乡村绿化的整体效果。

3.2 道路绿化 两个乡村各有一条贯通村内、通往锡东大道的主要道路，经修整和硬质化改造，宽度4～5米，道绿化采用规则式设计，选择以乡土树种为主，乔木与灌木、常绿与落叶树种混交配置。上层常绿阔叶乔木樟、广玉兰与榉、栾树、梧桐、银杏等落叶乔木隔株混交，株距5米，乔木之间配以花灌木紫薇、木槿、桂花、红枫、棕榈等。进户路等次要道路宽2米左右，一般位于村民房屋周边，绿化模式上采用自由式设计，与宅旁绿化相衔接。

3.3 水岸绿化 从现有植被调查情况看，河岸是在苏南水网地区的农村自然植被保存最多的小块区域，是生态缓冲带，纵横交错的河道及河岸植被形成了生物多样性丰富的生态廊道。乡村内水岸绿化首先要保护好水岸边现有自然植物，因地制宜的适当加宽水岸绿化带，增加群落组成树种，种植树种以耐水湿的乡土树种为主，包括柳、乌桕、枫杨、楝树、合欢、女贞等，在缓坡浅水中种植芦苇、菖蒲、千屈菜等水生植物，达到保持水土、护岸固坡、修复生态的作用。同时，水岸绿化也要考虑一定的景观效果，规划中在乡村中部两块公共休闲绿地旁的水岸边，适当种植一部分桃，形成两岸桃花依水的江南美景。

3.4 公共空间及景点绿化 根据两个村的土地利用实际与需求，共规划设置了四块公共绿地。其中两块休闲绿地位于乡村中部靠近河边的闲置空地，两块景观绿地分别位于两个乡村的主入口。休闲绿地是村民户外休憩、锻炼身体和交流的主要活动场所，在绿化上采用人性化的植物配置模式，栽植树木以朴树、榉、楝树等高大落叶树种为主，点缀常绿花灌木，形成"夏有荫、冬有绿视又有阳光"的空间环境；在路边设置坐凳，绿地内添置一些健身器材，供村民休息和锻炼使用。

在乡村的入口处分别设置一块景观绿地，保留原有老树，适当配置一些红叶石楠、红花檵木和孝顺竹等景观树种，并设置乡村名称和标志。结合现场自然地形特点，朝东巷在入口处建一座园林式木质小亭子，旁立刻有"朝东巷"三字的木质标志牌；陆家弄在大树下设置一块景观石标志小品，上刻"陆家弄"三字，以凸显乡村特有的人文风貌。同时，在乡村的入口处还设置小型生态停车场，利用草坪砖铺设，为外来访客提供泊车方便。

3.5 防护绿化 朝东巷和陆家弄的防护绿化重点是在乡村的西北侧与锡东大道之间建

立防护林，对公路上汽车的噪声和废气起到隔离作用，阻挡冬季西北风与沙尘的侵袭。设计林带的宽带为20米，绿化树种选择樟、广玉兰、杜英、栾树、银杏等枝叶浓密的高大乔木，与紫叶李、夹竹桃、珊瑚树、八角金盘等灌木及地被植物，采用乔、灌、草立体配置模式。同时，在乡村外围的北侧，结合道路、河道绿化，选用高大乔木树种建立防护林，起到阻挡北风和沙尘的作用。

4. 配套环境整治措施

4.1 道路整修 村内主要道路拓宽至4～5米，铺设沥青路面，并设置道路亮化系统。次要道路夯实路基，以园林小径方式铺设生态砖，体现农村的田园风情。

4.2 河道清淤 对河道水系进行全面疏浚，彻底清理河道垃圾和沉积的淤泥，改善水质。修整河岸，根据实际需要，修缮若干个村民生产、生活用水的亲水码头。呈现出水网密布、小河清澈的江南水乡环境。

4.3 垃圾处理 清理村内在户外乱堆乱放的垃圾，在每个村内增设3个垃圾收集房、4个垃圾箱和1个公厕，并在这些建筑的周围种植珊瑚树等常绿树种遮挡。每个农户住宅设置三格式化粪池，统一排放连接到污水集中处理装置，改变污水直通河流对生态环境造成的影响。

4.4 建筑出新 对现有村民建筑外墙简单修缮后进行统一粉刷，墙体下部一米及屋顶瓦楞线粉刷成灰色，墙体粉刷成白色，与绿化相衬托，展现江南水乡白墙灰瓦的建筑风貌。

5. 结语

朝东巷和陆家弄的两年乡村绿化建设和环境综合整治工程初步呈现了苏南农村水乡自然风貌特色的景观效果，村民对乡村绿化与环境的满意度也大大提高。实践表明，在经济较发达的苏南地区，现代乡村绿化与过去以木材和薪材利用为目的的四旁绿化已有很大的不同，人们更加重视绿化对人居环境的改善，更加重视绿化的生态效益和景观效果。因此，现代新农村的乡村绿化建设要充分体现以人为本、尊重自然的理念，彰显绿化的地域风貌与文化特色；乡村绿化要与农村的综合环境整治有机结合，建成人与自然和谐相处的绿色生态家园。

朝东巷和陆家弄的乡村绿化总体规划

村头绿化景观小品

乡村内的水岸自然植被　　　　　　　　　　　　　　　宅旁绿化效果

二、无锡新农村绿化建设及模式

　　乡村绿化是国土绿化与环境治理的重要组成部分，也是建设中国森林生态网络体系、"创绿色家园，建富裕新村"的重要内容之一。在党中央部署建设"生产发展、生活宽裕、乡风文明、村容整洁、管理民主"的社会主义新农村的新形势下，农村绿化建设对于促进乡村经济发展与生态良好，推动乡村社会和谐、文明进步正产生不可估量的深远影响。目前，江苏省已把村镇绿化建设明确为"绿色江苏"现代林业发展的重要任务之一，近年来，无锡市把村镇绿化作为"绿色无锡"三年行动计划的重点工程之一，取得良好成效。当前，又紧密围绕市委市政府提出的建设"青山常在，碧水长流，和谐宜人新无锡"的目标要求，开展了以"三城同创"，即无锡、江阴、宜兴三市同创为主要内容的新一轮绿色无锡建设，以改善农村人居环境为出发点，从绿化、净化、美化农村生态环境入手，大力开展农村义务植树月活动，重点围绕农村家园绿化，四旁植树与生态绿地建设，大力开展绿色家园示范镇、示范村工程建设，掀起了社会主义新农村绿化建设的新热潮。为此，笔者结合"绿色无锡"绿化实践，在调研总结的基础上，特就无锡新农村建设绿化模式作有关论述探讨。

1. 无锡的自然条件与绿化概况

　　无锡地处北亚热带南缘，长江下游，江苏省东南部，风光秀丽、土地富饶的太湖之滨。市域面积4 787千米^2，辖江阴、宜兴、滨湖、惠山、锡山、新吴、梁溪等7个市（区）。气候宜人，依山傍水，历史悠久，人文荟萃，城乡经济发达。农村乡村稠密，河道密布，道路纵横，是长三角经济产业带的重要腹地。全市现有林地8.13万公顷，森林覆盖率达20.2%。其中城市绿地6 241公顷，绿化覆盖率达37%，人均公共绿地8.6米^2，2003年荣获"国家园林城市"和"国家环保模范城市"称号。农村绿化自1992年起实施苏锡地区城乡一体现代林业示范工程以来，坚持城乡绿化统筹协调发展，"以城带乡，以乡促城，城乡联动，整体推进"，城乡绿化一体化建设取得了显著成绩。各市（区）大力发展经济林，营建都市农林生态观光园，特色景观生态苗林基地。实施了乡村住宅小区花园化建设，景观绿带建设，工业园区园林绿化建设和行政村绿化及河道环境绿化整治，现已形成"点、线、面、环"相结合的无锡市城市森林生态网络体系。尤其是近3年来实施了"绿色无锡"建设的城市环境绿化，绿色通道绿化，太湖生态防护林建设，环城绿带建设，城郊块状绿地和林业基地建设等六大绿化工程，显著改善了无锡市域的生态环境，为城乡经济、社会可持续协调发展提供了有力的生态保障。为了加速经济发展，进一步推进现代化、城镇化的进程，无锡市农村土地利用现正进行适应区域经济与社会发展需求的变革，农村用地正按"工业向园区集中，农民向城镇组团（社区）集中，农田向规模经营集中"的布局进行调整，乡村绿化建设又面临了新的形势和任务。

2. 新农村绿化建设的理念

2.1 以人为本，生态优先，环保优先理念 无锡地区人口稠密，人多地少，乡镇企业发达，交通流量高，环境受污染，建设发展正面临巨大的生态压力。因此，新农村绿化建设需着眼于服务"三农"，立足农民、农村和农业。通过绿色植物的净化环保作用，清洁空气，净化水质，为农民生活营造良好的居住环境，为农村经济建设营建良好的发展环境，为农业生产打造安全卫生环境，为农村社会、经济和谐发展奠定良好的生态基础。

2.2 林网化、水网化、生态网络化理念 无锡地处太湖之滨，农村城镇化率高，河道纵横，道路密布，并具太湖、漏湖等重要湿地。故新农村绿化建设应着力促进村容镇貌改观，提高村民综合文化素质，为农村经济发展构建具有地域特色的农村生态网络体系。通过中国林业科学研究院彭镇华研究员提出林网化、水网化城市森林建设理念实施，将农村各级公路林带，农田林网、河道林带，太湖防护林带以及湿地林等各类以林木为主体的核心绿地有机连接为整体，形成具有"林水相依，林水相连，依水建林，以林涵水"的森林生态景观网络，最大限度改善乡镇区域的生态环境，为新农村城乡一体建设又快又好持续发展提供坚实的生态支撑。

2.3 科学建设，生态经济双赢理念 无锡社会主义新农村绿化建设的根本任务是为确保农村"生产发展，生活宽裕，生态良好"又快又好的可持续发展提供生态经济保障。因此，农村绿化建设应坚持科学规划，科学建设，努力兴林富民。在构建城乡森林生态网络保障体系、实现生态化的基础上，利用地方"名、特、优、新"生态经济林果资源，特色森林生态景观资源，建设生态经济绿色家园，生态经济林产品特色基地，发展生态经济绿色产业（湿地森林生态旅游产业，湖区、山地森林生态旅游业，农区生态休闲观光业），着力培育绿色文化（花文化、竹文化、茶文化、梅文化、吴文化），实现生态经济双赢。

3. 新农村绿化建设的基本原则

3.1 生态、环保优先，兼顾景观原则 针对无锡区域经济发展和城市化、城镇化、现代化建设的现状，农村绿化应着眼力改善农村人居、生产、生活环境，坚持生态环保优先，同时注意崇尚自然美景，美化、净化、新化、香化环境，充分反映经济发达地区乡村繁荣的美景。

3.2 城乡一体，布局均衡原则 根据无锡现代化建设需求，农村造林绿化应以城市及卫星镇为中心，"点、线、面"结合，圈层式向外辐射延伸，扎实推进，逐步实现城乡一体化，达到结构合理，布局均衡。

3.3 因地制宜，突出地方特色原则 无锡地处太湖之滨，苏南水乡，新农村绿化应依托依山傍水优势，充分利用自然村落，河道、沟渠、湿地和丘陵岗地，因势造林绿化，体现江南水乡山青水秀的风貌，滨湖湿地生态景观和湖滨山水特色，凸现绿色（森林）文化品位。

3.4 科学造林绿化，注重质量、实效原则 无锡地处苏南经济发达地区，新农村建设起点要求高，故新农村绿化要科学规划，坚持适地适树、适种源，合理配置，坚持质量，科学营造，突出各类森林资源培育与生物多样性保护。在建好绿色农田林网、路网、河道林网的基础上，充分利用土地资源和特色乡土生态景观树种，重点建设好成片林、生态园及自然湿地等，努力为新农村建设发展增加新绿量、绿景和绿色保障。

4. 新农村绿化建设的模式

根据无锡农村的自然地理与经济条件和农村用地"三集中——工业向园区集中，农户向城镇（组团）新型社区集中，农田向规模经营集中"调整的现状，新农村绿化建设需采取以下绿化模式。

4.1 水网、路网景观防护型模式

（1）乡村道路绿化。乡村道路绿化以建设生态防护林为主，兼顾景观效果。树种配置以乔木为主（80%以上），适当配置灌木。提倡针阔混植，乡土树种与园林观赏树种混植。在自然村、镇结合部可采用乔、灌、花、草相结合的复层配置组团景观绿地办法，合理造景。

（2）河道绿化。农村河道绿化以防护林为主，兼顾景观和经济效益。内侧常绿乔木，如香樟、广玉兰、桂花、枇杷、杜英等，外侧落叶乔木，如垂柳、金丝柳、栾树、落羽杉、水蜜桃等。树种选择耐湿观赏树种、用材树和生态经济树种、科学配置，营造出具有滨湖水乡特色的生态防护景观。通过绿化配置群落，构建景观生态屏障，修复改善受污染的土壤和水体。

（3）景观防护林网。农田林网建设景观防护林，以发挥生态防护效益为主，兼顾经济、景观效益。林网建设可利用自然道路、沟、渠、圩堤、村落等营造防护林，构成不规则林带。形成景观防护林网络体系，改善农区环境。树种选择要充分发挥乔木的生态作用，注重乡土阔叶耐湿景观树种和经济树种的选用与生态防护树种的合理配置。

4.2 镇村景观环保型模式

（1）镇区道路绿化。镇区道路绿化以建设景观生态环保林为主。道路绿化采用点、块、丛、带等生态园林绿化栽植方法，乔、灌、花、草、藤合理配置，形成多层次多色彩景观带。道路交叉口、高速公路出入口、进入城区节点绿化，在环境整治的基础上，乔灌花草藤多层次合理配置，植物造景与建筑造景相结合，营造面积大小适宜，与环境和谐协调，突出地方特色，体现文化品位的风景特色生态环保林。树种选择具降尘、防污、能吸收工业、生活废气污染，净化空气的景观环保树种和色叶树种。

（2）村镇绿化。村镇绿化以景观环保型为主，兼顾经济效益。村镇绿化注重村道、河流、地物、建筑的综合考虑，绿化覆被率要达40%以上。镇区绿化以景观为，兼顾生态环保。结合镇区建设，采用植物造景，生态构建，建设公共生态绿地，生态小游园，有条件的地方可营造成片树林，利用乔木占领镇区绿化空间，利用镇区河道、道路两侧设置特色行道树与其他绿化，形成"点、线、面"结合的村镇森林生态环保网络体系。自然乡村绿化以生态经济型（竹、杨梅、柿、枣、梨、茶等）为主，结合乡村环境整治，利用家前屋后，场边隙地，栽植散生乡土乔木、经济林果、茶叶和竹子等，改善居住条件，增加林业收入。

4.3 住宅新区景观保健型模式 随着经济发展，农户正集中居住于乡镇组团新型社区，人们对改善环境质量，提高生活生态需求保障不断提出新要求。故镇、村住宅新社区绿化应采用景观保健型，充分利用植物释氧、滞尘、释放植物杀菌素，植物保健素，吸收有害气体，净化空气，吸收受重金属污染的水体、土壤中有害物质和生物修复功能，为新农村村民生活、学习、工作营造舒适洁净保健的良好环境。树种选择具释放对人体健康有益物质，能净化空气的观赏保健树种，与色叶树种、药用花草组团栽植，复层配置，凸现美好生活环境，人体保健的生态景观功能。如无锡新区建设的农民新住宅社区太湖花园和春潮花园的绿化配置基本体现了这种模式功能。根据无锡市域农村的自然风貌和立地条件，农村社区（住宅）景观保健型绿化模式的结构配置又可细分为江南水乡型（体现滨湖、湿地风貌），山区生态型（体现滨湖丘岗山地特色）和城镇景观型（体现城乡一体生态园林景观）3个亚类型。

4.4 村镇企业生态文化型模式 村镇企业是无锡新农村经济建设的重要发展基础，也是新农村生态绿化建设示范的主力军。通过村镇企业辐射农村，农村包围城镇，城镇反哺农村，繁荣城乡绿化。村镇企业绿化需结合所处地理位置，文化遗迹，企业产品品牌和企业精神，营建具有企业品牌与企业文化标志植物配置的生态文化绿化模式，凸现企业精神，展示企业文化，弘扬开拓奋进的创业、创优、创新精神，激励村镇企业员工爱岗敬业，努力工作，不断奉献，不断前进。如江阴阳光集团（毛纺业）林业生态观光园——特色材苗基地）；锡山区红豆集团（服饰业）400公顷红豆杉景观栽培园，江阴徐霞客镇霞客村的企业的湿地观光园，为乡村企业文化品牌提供了示范。

4.5 农区生态观光园休闲型模式 结合农业产业结构调整，利用农田向规模经营集中的优势，因地制宜建立各类特色经济林果基地，特色景观苗木花卉基地，农林复合生态观光园（如水蜜桃园、桂花园、梨园、杨梅园等），大力发展农区森林生态旅游业，生态观光休闲产业，达到既美化环境，保障生态，又促进农村特色产业发展与农村经济建设的目的。目前已建成惠山区阳山镇万亩特色水蜜桃观光园，滨湖区九龙湾乡村家园观光园，雪浪农业生态园，唯琼四季阳光农林生态观光园。

4.6 丘陵岗地生态经济型模式 丘陵岗地是农村绿化重要的生态面，必须保障丘陵岗地绿化发挥应有的生态效益。宜林丘陵岗地具有较大的造林绿化潜力，选用适宜的经济树种科学配置生态经济型森林群落，不仅能较大幅度增加森林资源总量，而且能运用生态互补优势，结合农业结构调整发展经济林果，促进农民增收。立地条件好的地方，大力发展银杏＋茶，桂茶＋茶，板栗＋茶，甜柿＋茶，枇杷＋茶等混交复合经营模式，发展食用竹，观赏竹、枣、柿、栗、杏、梅等经济林果。现已建成宜兴沜东长征林茶生态园，湖㳇竹海公园，无锡马山杨梅生态观光园等生态经济林示范园区。

坡度大于6°、二级以上提水的生态区，生态环境脆弱的丘陵岗地，应恢复地带性森林植被，造林绿化率在95%以上。坡度大于6°、三级以上提水，质量低而不稳的农用地也需恢复森林植被，造林绿化率在95%以上。同时，宜林荒地通过人工造林和封山育林，造林绿化率达90%，废弃矿山进行复绿，要求造林绿化率80%以上。

5. 新农村绿化建设的相关研究

新农村绿化建设不仅是一项国土绿化、环境整治工程，更是一项兴林富民，促进经济发展、社会进步、生态和谐的社会发展工程。为了实现"绿树掩映小康路,生态环保促发展,和谐协调创佳园"的宏伟目标,搞好农村基本单元乡村绿化至关重要。为此,我们认为需重点进行以下相关研究。

5.1 乡村绿化生态、景观、经济型树种选择 根据不同地类农村自然环境条件和社会经济发展状况,引种和筛选适应性强(抗病虫害、抗污染、耐水湿、耐盐碱等)、观赏性好、具有较强的生态环保与生理保健功能和较高经济效益的优良乡村绿化树种,充分发挥林木良种(优良品种、优良树种、尤其是乡土树种良种)及其群落配置的作用,为乡村绿化建设提供树种选择基础。

5.2 乡村绿地规划与多功能绿化模式的研究 研究围村林网(农田林网、路网、河道水网)与庭院(宅基地)绿化、乡村公共游憩绿地合理规划,群落乔灌花草科学配置,系统结构合理,物种多样性丰富,生态、景观与经济效益高的乡村绿化创新模式。

5.3 乡村绿化技术集成应用示范与评价技术 研究各种林业技术措施在乡村绿化建设中的集成应用与配套,建立乡村绿化综合技术集成试验示范区。从生态功能、保健功能、防护效果、景观效应、经济效益、地方特色等方面建立指标体系,综合评价乡村绿化集成示范技术的效果。

5.4 乡村绿化建设的公众参与和管理模式 针对农村特点,在统一规划的基础上,调查研究调动村民参与乡村绿化的积极性和有效的管理方式与机制(如通过免费技术培训、推荐或无偿提供优良种苗等),为新农村建设乡村绿化提供创新管理模式。

三、昆山市锦溪镇朱浜村明东居民点乡村绿化示范区规划设计(旅游休闲型)

1. 基本概况

1.1 自然及社会经济概况 锦溪镇(曾名陈墓)位于江苏省昆山市南部,东依淀山湖、西临澄湖,是江南著名的千年历史文化名镇和江苏省特色文化乡镇。属长江下游太湖水网平原地区,水面占总面积的50%;地势低平,平均海拔3.8米。北亚热带南部季风气候,四季分明,年日照时间2 086小时,年降水量1 097毫米;气候温和,年平均气温15.5℃,极端最高气温为38.7℃,极端最低气温−11.7℃。

朱浜村位于锦溪镇南端,为典型江南水乡自然村落,民居依水而筑,还保存有少量古建筑,村内小桥流水、曲径蜿蜒,自然景观优美独特。全村占地面积335.9公顷,现有耕地面积60公顷、水产养殖面积70公顷;共20个村民小组、总户数925户、总人口2 819人,2009年村级经济总收入100万元,人均收入13 800元。

明东居民点(自然村二期)面积87 055米^2,住户160余户、人口450人。现有绿化面积约5 500米^2,乡村绿化率仅6.3%。

1.2 乡村绿化存在的问题

(1)绿化率不高。进村道路绿化没有到位,乡村周围缺少围村林网,村内房屋周边的硬质水泥场地面积较大,绿化困难。

(2)绿化管理差。村内现有绿化缺少管理,仅有的少量大树,根基部被硬质路面覆盖,出现生长不良甚至枯死现象。

（3）局部地段河道淤塞，水网没有连通，河边生活垃圾污染严重。

2. 规划设计依据

2.1 昆山市朱浜村明东居民点建设总体规划（昆山市建设局）

2.2 江苏省新农村造林绿化建设标准（江苏省林业局）

2.3 江苏省乡村规划导则（江苏省建设厅）

2.4 乡村绿化技术规程（江苏省技术质量监督局）

3. 设计理念

水村映象——水网相连，林水相依，亲水生活，绿色家园。

4. 规划目标与设计原则

4.1 规划目标 按照节约、实用、高效的要求，建成高标准的乡村绿化示范区，显著改善农村的生态环境，提高农村人居环境质量，促进新农村绿色家园、和谐家园建设。

4.2 设计原则

（1）以人为本。乡村绿化以改善农村生产、生活环境为目的，绿化树种的选择尊重村民的喜好，增加经济林果的应用，尤其在宅旁、庭院绿化中多选择群众喜爱的果树、花品种，提高村民植树、护绿的积极性。

（2）尊重自然。保护村内原有的树木、植被，不搞砍了杂树种景观树，维护生物多样性。绿化树种以乡土树种为主，既可反映地方特色，增加农村田园乐趣，又可适应粗放管理，降低绿地养护成本。植物配置上做到常绿与落叶混交，乔、灌、花、草合理配置。

（3）综合协调。乡村绿化规划与乡村的道路系统建设、污染处理、水系整治、拆建除违等乡村环境综合整治工程相衔接，配套协调。

5. 总体布局

规划"一片、一环、一网、多点"的乡村绿化总体布局，形成点、线、面相结合的乡村绿化网络系统，在文化意境上体现临水、亲水、依水的江南水乡风情。

一片：村口湖荡边水岸片林。

一环：环村道路及周围的绿化。

一网：村内水网两侧的绿化。

多点：宅旁空地、庭院的绿化。

6. 分区设计

根据乡村的绿化现状，乡村绿化规划分为村口片林绿化、道路及围村林绿化、水网绿化、公共绿地绿化、宅旁及庭院绿化、原有绿化的保护等6个部分。

6.1 村口片林绿化 位于进村道路北侧至湖边，面积8 000米^2，规划选择落羽杉营造湖边水岸风景林，造林密度3米×4米。

6.2 道路及围村林绿化 村内的道路相对很窄，车辆无法通行。目前村里正在规划建设一条环村道路，作为村民进出的主干道。因此将道路绿化与围村林结合设计，考虑到树木长大以后行人对冬季阳光的需求，靠近道路两侧各一排高大落叶观赏乔木，树种选择榉树或无患子，株距3米，两株乔木中间种植一株常绿小乔木桂花或红叶石楠。环路外侧增加两排常绿乔木，株距3米，树种为香樟。环路内侧根据实际，在村民房屋周围种植杨梅、柿、枇杷、枣、梨、桃、柑橘等经济林果等。

乡村绿化

Xiangcun lühua

6.3　水网绿化　该村为典型水网地区，村内水网纵横，村民依水而居。因此，在绿化上要充分展现江南水乡的景观风貌。目前该村段河岸大多已做硬质驳岸，可供绿化的空间很窄，村民们在河岸边已自发种植了一些果树和花灌木。绿化设计：一是继续补充花灌木种植，适当增加配置云南黄馨、迎春、连翘、枸杞等垂挂性观赏植物，改善硬质驳岸的视觉景观。二是在空地较大的岸边少量点缀朴树、榉、柳、桃、乌桕等大乔木，丰富河岸绿化层次与景观。

对西侧淤塞严重的一段河道进行疏浚，使水网相通。并沿河边铺设道路，使河岸道路相连。还没有做硬质驳岸的河段，河岸绿化保持自然水岸，采用杉木桩固定河岸，河岸种植花灌木，点缀乌桕、榉树、柳树大乔木，水边种植芦苇、菖蒲、再力花等水生植物，形成生态亲水河岸，水中种植荷花，达到净化水质，丰富景观的效果。在现种植荷花的岸边设置开放式亲水平台，为村民提供户外休息观景的地方，成为该村水乡特色景观标志。

6.4　公共绿地绿化　在主公路至环村道路入口处，设计标志性小型花境，置石一块，上题"明东村"村名，并设置绿化示范村标志。村内沿环村路分别设置四个小型生态停车场，利用草坪砖铺设，以及常绿高大乔木分隔，营造良好的景观与生态效果。在进村桥边建设一个小型健身活动绿地；在现有荷花池边，经河道清理后，河边改建为一个小型休闲绿地。

6.5　宅旁及庭院绿化　该村的建筑密度较大，宅旁大多是硬质的水泥场地，可供绿化的面积很少。宅旁、庭院绿化设计上除了充分利用零星的空地见缝插绿外，主要是研究在硬质水泥场地上设置花坛，增加绿化覆盖，改善人居环境质量，体现现代文明的农村生活方式。花坛高40～50厘米，宽80～100厘米或更宽，主要设计四种花坛绿化模式。

（1）四季芳香园模式。种植群众喜欢的蔷薇、月季、栀子花、含笑、桂花、蜡梅、金银花等芳香树种，形成四季芳香小庭院。

（2）观赏花园型模式。种植蔷薇、月季、紫薇、迎春、山茶、牡丹、杜鹃、芙蓉等花灌木和鸡冠花、凤仙花、大丽花、美人蕉、牵牛花等草本花卉。

（3）垂直绿化型模式。种植爬山虎、紫藤、凌霄、葡萄、猕猴桃等藤本植物，形成庭院棚架绿化和围墙、房屋墙体的垂直绿化。

（4）菜园型花坛模式。上层种植桂花、枇杷、紫薇等小乔木，下层可以种植菊花脑、葱、蒜、小白菜等蔬菜。

6.6　原有绿化的保护　加强对村内原有的树木、植被的保护，不搞砍了杂树种景观树，维护生物多样性，保持农村特有的景观风貌。村内道路硬质化铺设遇到树木时，要设置保护树池，树池直径至少为树干基径的5倍。对于村内的古树，要设置围栏进行专门保护。

7. 主要技术指标

7.1　绿化率　乡村规划面积87 055米^2，规划绿化面积为36 563米^2，绿化率41.1%。

7.2　绿化树种　规划应用绿化植物40种，其中乔木10种，果树8种，花灌木、地被和水生植物20余种。主要绿化植物为：落羽杉、樟、广玉兰、无患子、榉、朴树、柳、乌桕、女贞、青桐、枇杷、桃、柿、枣、石榴、柑橘、香圆、桂花、紫薇、蜡梅、杜鹃、月季、金边黄杨、红叶石楠、黄馨、再力花、花叶芦竹、水烛、香蒲、水生美人蕉、荷花、二月兰、金鸡菊等。

8. 资金预算

绿化总投资约31.96万元。其中，苗木及栽植费11.16万元，配套设施及管理费20.80万元。

2010年度锦溪镇农村绿化重点村种植规划（明东村）

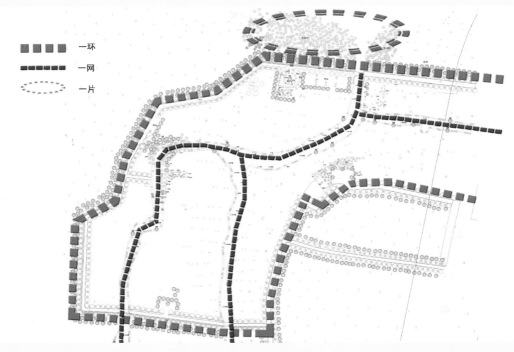

四、溧阳市上兴镇祠堂村井塘官居民点乡村绿化示范区规划设计

1. 基本概况

1.1 自然及社会经济概况 上兴镇祠堂村井塘官居民点位于江苏省溧阳市北部，属长江下游太湖水网平原地区，气候为北亚热带南部季风气候，四季分明，气候温和，年平均气温15.5℃，极端最高气温38.7℃，极端最低气温−11.7℃，年降水量1 097毫米，年日照时间2 086小时。地势低平，平均海拔3.8米。

1.2 乡村绿化存在的问题

（1）绿化率不高。进村道路、河道绿化没有到位，乡村周围缺少围村林网，村内房屋周边的硬质水泥场地面积较大，绿化困难。

（2）绿化管理差。村内现有绿化缺少管理，仅有的少量大树，根基部被硬质路面覆盖，出现生长不良甚至枯死现象。

（3）局部地段河道淤塞，生活垃圾等污染较严重。

2. 规划设计依据

2.1 溧阳市祠堂村居民点建设总体规划（溧阳市建设局）

2.2 江苏省新农村造林绿化建设标准（江苏省林业局）

2.3 江苏省乡村规划导则（江苏省建设厅）

2.4 乡村绿化技术规程（江苏省技术质量监督局）

3. 规划设计理念

乡村旅游——演绎乡村自然生态，寻觅乡村文明足迹。

4. 规划目标与设计原则

4.1 规划目标 按照节约、实用、高效的要求，建成高标准的乡村绿化示范区，显著改善农村的生态环境，提高农村人居环境质量，促进新农村绿色家园、和谐家园建设。

4.2 设计原则

（1）以人为本。乡村绿化以改善农村生产、生活环境为目的，绿化树种的选择尊重村民的喜好，增加经济林果的应用，尤其在宅旁、庭院绿化中多选择群众喜爱的果树、花木品种，提高村民植树、护绿的积极性。

（2）尊重自然。保护村内原有的树木、植被，不搞砍了杂树种景观树，维护生物多样性。绿化树种以乡土树种为主，既可反映地方特色，增加农村田园乐趣，又可适应粗放管理，降低绿地养护成本。植物配置上做到常绿与落叶混交，乔、灌、花、草合理配置。

（3）综合协调。乡村绿化规划应与乡村的道路系统建设、污染处理、水系整治、拆除违建等乡村环境综合整治工程衔接、配套协调。

5. 总体布局

规划"四带、多点"的乡村绿化总体布局，形成点、线、面相结合的乡村绿化网络系统。在绿化的文化意境上体现"乡村旅游——演绎乡村自然生态，寻觅乡村文明足迹"的设计理念。

四带：乡村内部的道路绿化带和外部的道路绿化带，乡村中的河道绿化带，和乡村周边的围村林带。

多点：宅旁空地和村民房前屋后的绿化。

6. 分区设计

根据该乡村的绿化现状，将乡村绿化规划分为道路绿化、宅旁及庭院绿化、水岸绿化、围村林绿化、公共绿地绿化和原有绿化的保护6个部分。

6.1 道路绿化 该村有两条从东南公路进村的道路，另一条是村南面的东西向道路。由于乡村道路相对较窄，考虑到树木长大以后行人对冬季的阳光需求，设计两侧各一排行道树，高大落叶乔木＋常绿小灌木配置。进村道路树种选择黄山栾树＋红叶石楠；村南面横向道路选择榉＋桂花。路边树下种植管理较粗放的狗牙根草、二月兰等。村外入口道路，规划设计以榉和桂花间植。

6.2 宅旁及庭院绿化 该村的建筑密度较大，各家各户庭院都有面积较大的硬质水泥场地面，可供绿化的面积很少。水泥场地在分田到户期间方便农户晾晒粮食，但随着农村大户种粮和机械化收获的推广，其晾晒粮食的功能已弱化，大面积硬质场地景观质量差，且冬冷夏热，影响农村人居环境质量。宅旁绿化设计上充分利用零星的空地见缝插

乡村绿化

Xiangcun lühua

绿，种植当地群众喜爱的果树或花灌木。庭院绿化主要是研究在硬质水泥场地上设置花坛，增加绿化覆盖，改善人居环境质量，体现乡村的农村生活方式。花坛高40～50厘米，宽80～100厘米或更宽。

6.3 河岸绿化 该村内有一条小河东西向贯穿整个乡村，目前环境面貌较差。在对河道疏浚后进行河岸绿化。目前该段河岸大多已做混凝土硬质驳岸，可供绿化的空间很窄。因此河岸绿化设计种植桃、柑橘、桂花、茶花、杜鹃等小乔木和花灌木为主，岸边适当配置云南黄馨、迎春等垂挂性观赏植物，改善硬质驳岸的视觉效果。岸边少量点缀乌桕、榉、樟等大乔木，丰富河岸绿化层次。铺植地被植物麦冬，形成乔、灌、花、草、地被的复层结构，使之具有良好的生态效益和景观效益。

还没有做硬质驳岸的地段，保持自然水岸，采用杉木桩固定河岸，或用柳、枫杨活木树桩扦插水边护岸，柳树桩、枫杨桩成活后能成为有生命的护岸材料，既有生态效益又有景观效益。特殊地段还可用条石或块石堆砌做驳岸，增加河水与河岸之间的透气性，石缝间可生长野生的水生植物，营造生态和谐的自然驳岸。水边种植芦苇、菖蒲、再力花等水生植物，形成生态亲水河岸，达到净化水质、丰富景观的效果。

6.4 公共绿地绿化 在乡村的宅旁空地，设置多块小型公共休闲绿地，增加大树，营造树荫空间。选用树种为樟、榉、桂花、紫薇等。

6.5 围村林绿化 规划在乡村的南面和北面外围营建围村林。南面围村林位于东西向道路的北侧，结合宅旁绿化，利用道路与乡村的空地，种植桃、柿、枇杷、枣、梨、柑橘、石榴等果树，常绿与落叶果树混交种植，展现绿色乡村的理念。

乡村北面围村林，在保留现有绿化树种的基础上再规划设计种植一排樟，建成宽度为10～20米的围村林带。

6.6 原有绿化的保护 加强对村内原有树木、植被的保护，不搞砍了杂树种景观树，维护生物多样性，保持农村特有的景观风貌。村内道路硬质铺设遇到树木时，要设置保护树池，树池直径至少为树干地径的5倍。对于村内的古树，要设置围栏进行专门保护。

7. 主要技术指标

7.1 绿化率 乡村建设规划总面积约43 696米^2，绿化面积为18 570米^2，绿化率42.5%。

7.2 绿化植物 规划应用绿化植物近51种，其中：乔木树种12种，樟、女贞、香圆、广玉兰、冬青、榉、朴树、黄山栾树、乌桕、落羽杉、无患子、合欢。果树7种，枇杷、桃、梨、柿、枣、石榴、柑橘。花灌木与地被20余种，桂花、樱花、紫叶李、紫薇、蜡梅、杜鹃、月季、金边黄杨、红叶石楠、黄馨、二月兰、金鸡菊、麦冬、沟叶结缕草（马尼拉草）等。竹类1种，孝顺竹。水生植物11种，水烛、香蒲、水生美人蕉、荷花、野菱白、花叶芦竹、旱伞草、芦苇、鸢尾、黄菖蒲、再力花。

8. 资金预算

绿化总投资93.0万元。其中，苗木及栽植费33.0万元，工程及配套设施费54.0万元，规划设计费6.0万元。

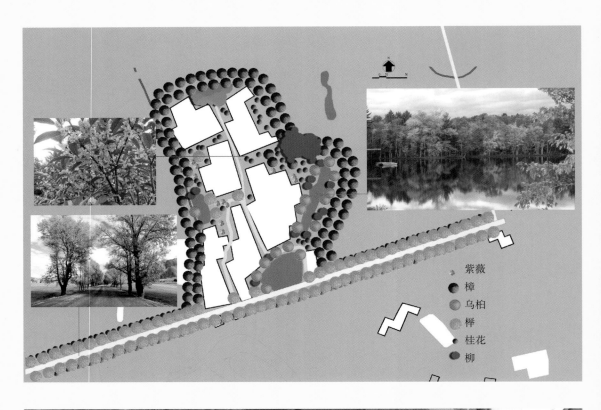

紫薇
樟
乌桕
榉
桂花
柳

乡村绿化

Xiangcun lühua

第9章
乡村绿化的工程实施

随着环境资源被不断开发利用，利用绿化树木建植对受损环境与被破坏环境进行生态与景观恢复越来越显示其重要性。生态处理手法是值得大力推广运用的，但以为人为的绿色空间设计、挖池堆山植林就具有生态效益，未免是将复杂的生态系统简单化了；从表象上看，树木景观大都体现了绿色的主题，但绿色的不一定就是生态的，花费大量的人力物力才能形成和保持的景观效果并不完全是生态意义上的"绿色"。

9.1　施工方案设计

9.1.1　树种配置实践

绿化树木的种类繁多、形态丰富、景观作用显著，既能观形、赏叶，又可观花、赏果；既有参天伴云的高大乔木，也有高不盈尺的矮小灌木；常绿、落叶相宜，孤植、丛植可意，看似随意洒脱、信马由缰，意却主题鲜明、功能清晰。

（1）**生态配置原则**。生态配置不但要从功能和景观上考虑色相、季相、形体、姿态等多方面的要求，还要根据不同地理纬度与海拔高度所决定的树种地理分布以及生境具体情况等多方面来考虑。按照多种植物不同的生长发育规律及其相互作用与影响，注重常绿树种与落叶树种、速生树种与慢生树种的搭配，规划观花、观叶和观果类树种的合理配置，注意各树种间的平面距离、立体结构（乔木、灌木与地被）及其轮廓线变化等，通过合理种植设计将绿化树木的寓意和韵律予以表达，以呈现更加丰富多彩的绿化树木景观，促使形神结合的绿色文化体现：早春，玉兰洁白、桃樱纷繁；盛夏，石榴火红、木槿紫艳；深秋，银杏金灿、红枫似火；隆冬，天竺果红、松柏苍翠。

①树种搭配必须符合树种的生物学特性：绿化树种配置必须根据栽植地的具体情况而定，要与环境条件相协调、相适宜；要根据绿地的性质、功能，选择速生或慢生树种；要根据光照的强弱选择阳性或阴性树种；根据地势和地下水位的高低，选择抗旱或抗涝树种；根据污染源的不同，选择不同的抗污染树种；根据周围建筑群的性质、高度和朝向，选择不同形态、功能和要求的树种；根据土层的厚薄选栽乔木、灌木或地被树种；根据风力的大小选栽深根或浅根性树种。

②种植结构多层次、种类多样化，增强群体抗逆性能：在选择不同树种进行搭配时，应该了解病虫害的寄主范围、活动规律，避免相同寄主植物搭配，防止病虫害的转主危害，交叉感染，要遵循生物共生、循环、竞争的原则。要进行乔、灌、藤、地被多树种的合理配植，以其丰富的多样性形成多层次的绿色空间，营造成具有一定结构、功能和自我调节

能力的复层结构。这样不仅可以丰富绿化景色，而且还可以预防和减少病虫害。在具体配置栽植中，要根据树种的生物学和生态学特性，使各不相同的树种都有其适宜的生长环境，组成一个协调、稳定、复杂多样的植物群落，增强树种自身调节能力及抗御病虫害的能力，实现生态调控。

（2）生态配置方式。绿化树木的配置，是指在栽植地上对不同树木按一定方式进行的种植，包括树种搭配、排列方式以及间距的选择。一方面应遵循景观美学的原则，另一方面更需考虑树木的生态学和生物学特性，才能使规划设计的景观生态系统持续、稳定经营，同时也大大减少今后的维护费用。

①自然式配置：运用不同的树种，以模仿自然、强调变化为主，具有活泼、愉快、幽雅的自然情调，有孤植、丛植、群植等多种种植类型。

孤植是指将乔木单株栽植，也可以是多株紧密栽植形成单株栽植的效果，往往在全景中起画龙点睛的作用。孤植树应具有高大开张的树冠，并在树姿、树形、色彩等方面有特色，空间视觉景观效果好。

丛植是指一定数量的树木自然地组合栽植在一起，构成树丛的株数由几株到十几株不等。色叶树种在绿化中丛植还可配置成大的色块图案，这是20世纪80年代以来在国内外绿化绿地设计中流行的手法。

群植通常是由十几至几十株树木按一定构图方式混植而成的人工林群体结构，其单元面积比丛植大，在绿化绿地中可作主景、背景之用。以庇荫为主要目的时全部由乔木组成，且树种单一；以观赏为主要目时，应以乔、灌混交并配置一定的地被树种，在形态和色调上形成对比、构成群体美。

②规则式配置：多以某一轴线为对称排列，以强调整齐、对称或构成多种几何图形。有对植、行列植等种植类型。

孤植

对植

列植

对植，一般指按照一定的轴线关系、相互对称或均衡种植的单株或株丛。主要用于公园、道路、广场、建筑的出入口，左右对称、相互呼应，在构图上形成配景或夹景，以增强透视的纵深感。对植的树木要求外形整齐美观、规格大小一致，可用两种以上的树木对植，但相对应的树木应为同种、同规格。

行列植，指将树木按一定株行距成行成排地种植，在景观上形成整齐、单纯、统一的效果，是绿化绿地中应用最多的基本栽植形式，如行道树、绿篱、防护林带、风景林带等。行列植可以是一种树种应用，也可以是多树种搭配。

9.1.2　植物的环境意象应用

植物作为绿化中的一个重要组成元素，与路径、节点、区域、标志、边界等环境意象的形成之间有着密切的联系。植物本身可以作为主景构成标志、节点或区域的一部分，也可以作为这几大要素的配景或辅助部分，帮助形成结构更清晰、层次更分明的环境意象。

（1）道路——有序的植物景观意象。道路是整个环境意象的框架。绿化道路应该特征明确，贯通顺达，具有强烈的引导性和方向感，形式上或曲或直，或平或崎，即使是迂回的通幽小径也必须有明显的规律性特征，向人们暗示前方别有洞天。

在笔直的园路种植单行或双行树给人以强烈的视觉冲击感；而在自然的道路两侧则用强调型植物强调顶点位置，强化道路的走向效果。绿化中的道路可以利用植物逐渐形成统一的空间序列并能够围绕和连接不同的功能场地，游人也可以沿着两侧植物暗示的道路行进，走向目的地，在有序的空间序列中人们才能感到安全。

（2）边界——清晰的植物景观意象。绿化中的边界不仅是指可分隔绿化与外部环境的分界线，而且还包括绿化内部不同区域之间的分界线，有时区域边界就是道路。绿化中利用植物可形成不同的边界意象，边界有虚隔和实隔之分：虚隔如草坪与游路边界，可以用球形灌木有机散植，形成相对模糊的边界，既起到空间界定作用，又不过分阻隔人与自然的亲近；实隔往往用成排密实整形的绿篱对边界进行围合，创造出两个不能跨越的空间，可以有效地引导人流，实现空间的转换。

现代开放式绿地的边界设计更倾向于带状开敞式的公共小广场的边界形式，沿路一侧分别设几个入口，整齐的林荫树可以构成显著清晰的场所特征和标识。不仅提供人们方便地进出场所，而且还可为等候、驻足、小憩的人们提供一个遮阴避阳、可靠安全的场所。

（3）标志——象征性的植物景观意象。标志是一种特征显著、易于发现的定向参照物。人们对标志的环境意象是十分敏感、兴奋的。在绿化中，标志物可以是一个雕塑、一组小品或者一座保留的具有历史记忆的构筑物，也可以是一棵或几棵历史悠久的大树。无论在绿化的哪个区域，标志物都可以作为区域的核心景观。而植物作为标志性的景观往往表现为以下几种形式：一是草坪中的孤植树，构成视觉焦点。此类植物要以形体高大，枝繁叶茂，叶、花、果等具有特殊观赏价值为佳，特别引人入胜。二是在建筑物前、桥头等位置的孤植树。具有提示性的标志作用，使游人在心理上产生明确的空间归属意识。三是全园的标志。一些具有历史纪念意义的古树名木，构成绿化中的特有的精神特征和文化内涵，成为全园的标志。如延中林地中的自然生态园中的一棵大朴树，拥有上百年的历史，高大挺拔，冠大荫浓，成为全园的标志性景观，被人们熟知喜爱，也起到很好的视觉导向作用。

（4）节点——引人入胜的植物景观意象。节点很可能是区域的中心或象征，节点也往往是人群驻留的地方；节点的重要特征就是集中，特别是功能的集中。在绿化空间中，包括林地出入口、道路起终点、区域与道路的交叉节点、区域与区域的交叉节点等。

如绿化中的入口，是划分内外、转换空间的过渡地带：入口人流汇集、信息丰富，人们最先就是通过入口接受到环境信息的，如果入口不能输导人流，不能引导视线，则不仅难于建立入口环境意象，甚至使人产生心理焦虑和失望。因此，在入口植物建植的布局形式上不宜过于分散复杂，宜集中简洁，视野通畅。植物品种上应选择形姿优美、观赏性强的景观树种，给人明朗、兴奋的入口意象。

体验出口的过程往往是对游园全程的总结与回味，因此出入口作为节点的设计至关重要；对于大多数游人都有这样的一种心理认同感，那就是结束游览后会寻找原来的入口离开，这是因为相对于其他入口，人们已经对原来的方位、形状及附近环境较为熟悉，不再陌生，易于心理认同并感到安全。

（5）区域——统一而又和谐的植物景观意象。区域在绿化中是指具有某些共同特征、占有较大空间范围的区域，如：广场，儿童、老人活动场所，停车场，种植区，草坪区等。区域的类型很多，与之对应的植物景观意象也就丰富多样。从环境心理学角度出发设计都应遵循以下原则：统一而又和谐。比如设计不同年龄层次人的活动区域，植物意象特征就应该抓住这个年龄层次人的心理和生理特征，符合不同人的心理需求。儿童活泼好动、好奇心极强，所在活动区域的植物就不宜用一些针叶类的或带刺、含有毒物质的植物；应选择一些健康有益且观赏性强的植物，更易被儿童接受，可以激发他们的好奇心，增强他们的求知欲。而在设计老年人活动场地的植物时，就要考虑老年人在性格上更偏向于沉稳、安静，心灵上更渴望回归安详、宁静的状态，因此要通过植物建植来软化具有较高程度视觉、噪声、运动等特征的周围环境，尤其要选择一些有利于老年人身心健康的保健类植物。

9.2 植前准备处理

9.2.1 土壤和地形准备

（1）**土壤准备**。通常情况下，绿化施工场所的土壤在物化条件上与树木原生环境迥异，因土壤条件不适导致树体生长活力减退、外表逊色且易受病虫侵害的教训是经常发生的。所以，栽植前有必要对土壤理化性状进行测试分析，以明确栽植地点的土壤特性是否符合栽植树种的要求，是否需要采用适当的改良措施。

（2）**地形准备**。种植现场的地形处理是提高栽植成活率的重要措施。必须使栽植地与周边道路、设施等的标高合理衔接，排水降渍良好，并清理有碍树木栽植和植后树体生长的建筑垃圾和其他杂物。

东部沿海盐碱地的地下水位一般较高，表层土含盐量较高，树木不易生长。地形设计的指导原则是挖池堆山，以扩大水面、抬高局部地形；土山堆积需埋设排盐暗沟，其出口注入水池，经过灌溉和雨水淋洗可大大降低土壤的含盐量；再根据植物耐盐性能安排树种，将耐盐能力强的树种栽植在较低处、而耐盐能力较弱的树种植在排盐良好的土山上或地势较高处。水体在盐碱地造园中起着重大作用，它不仅能增加自然美、扩大视野，使绿化富有生气，其最大功能还是在于有利排盐。盐碱地造园所用岩石只可点叠、不宜堆积，为多留空隙地，以便多植树木、扩大植被，促进土壤改良。遵循生态平衡的原理、依照天然群落的结构特征，采用引进树种与乡土植物相结合的办法，将树体高矮、冠形大小、根系深浅、耐盐程度、喜光耐阴等特性不同的多种绿化树木搭配在一起，构成一个和谐有序、健康共存的复层混交植物群落，也可以取得较为满意的效果。

9.2.2 定点放线，树穴开挖

（1）定点放线。依据施工图进行定点测量放线，是关系到设计景观效果表达的基础。行道树的定点放线，一般以路牙或道路中轴线为依据，要求两侧对仗整齐，并注意树体与邻近建（构）筑物、地下工程管路及人行道边沿等的适宜水平距离（表9-1）。

对设计图纸上无精确定植点的栽植树木（特别是树丛、树群），可先划出栽植范围，具体定植位置可根据设计思想、树体规格和场地现状等综合考虑确定。一般情况下，以树冠长大后株间发育互不干扰、能完美表达设计景观效果为原则。

表9-1　树体与建（构）筑物间的最小水平距离（米）

建（构）筑物	至乔木主干	至灌木根基
有窗建筑外墙	3.0	0.5
无窗建筑外墙	2.0	0.5
电力杆、柱、塔	2.0	0.5
邮筒、路站牌、灯箱	1.2	1.2
车行道边缘	1.5	0.5
排水明沟边缘	1.0	0.5
人行道边沿	1.0	0.5
地下涵洞	3.0	1.5
地下气管	2.0	1.5
地下水管	1.5	1.5
地下电缆	1.5	1.5

（2）树穴开挖。乔木类栽植树穴的开挖，在可能的情况下以预先进行为好，特别是春植计划，若能提前至秋冬季安排挖穴有利于基肥的分解和栽植土的风化，可有效提高栽植成活率。树穴形状多以圆、方形为主，可根据具体情况、以便于操作为准；树穴的大小和深浅应根据树木规格和土层厚薄、坡度大小、地下水位高低及所带土球大小而定，坑穴上口与下口应保持大小一致，以免根系扩展受碍。实践证明，大坑有利树体根系生长和发育，但在缺水沙土地区不利保墒，宜小坑栽植；黏重土壤的透水性较差，大坑反易造成根部积水，一般也以小坑栽植为宜。

挖穴时应将表土和心土分边堆放，妨碍根系生长的建筑垃圾，特别是大块的混凝土或石灰下脚等应予清除，情况严重的需换土改良；南方水网地区和多雨季节，应有导流沟引水或深沟降渍等排除坑内积水或降低地下水位的有效措施。有条件时在树穴挖好后施足基肥，腐熟的植物枝叶、人畜粪尿或经过风化的淤泥等均可利用，用量每穴约10千克；基肥施入穴底后，须覆盖深约20厘米的泥土以与新植树木根系隔离，不致因肥料发酵而产生烧根现象。

9.3 绿化苗木选择

苗木栽植是绿化工程的重要组成部分，其树木种类的选择、树木规格的确定以及树木定植的位置，都受设计思想的支配；因此在栽植前必须对工程设计意图有深刻的了解，以能完美表达设计要求。如同样是银杏，作行道树栽植应选择雄株，作景观树则雌、雄株均可。另外，应加强对树种配置方案的审查，避免因树种混植不当而造成的病虫害发生，如槐与泡桐混植会造成椿象、水木坚蚧大发生，桧柏应远离海棠、苹果等蔷薇科树种以避免苹桧锈病的发生。还有，绿化树木栽植受施工期限、现场施工条件及相关工程项目的制约，故必须根据施工进度编制翔实的栽植计划，及早进行人员、材料的组织和调配，并制定相关的技术措施和质量标准。

9.3.1 苗木繁殖途径

苗木繁殖途径对绿化苗木的选择应用至关重要。特别是经长期人工选择培育而成的杂交种和无性系后代，苗木繁殖途径直接关系到优良景观性状的有效传递和稳定表达。

（1）**实生繁殖苗**。指经种子繁殖途径培育的苗木，含人工用种子培育的苗木以及在野外天然下种自生的苗木都叫实生苗。 人工播种苗生长整齐、健壮，根系发达、质量好；自然实生苗密度不匀、分化严重，质量不统一。

（2）**营养繁殖苗**。指经营养器官种繁殖途径培育的苗木。

①扦插苗：用苗干或截取树木的枝条扦插育成的苗木。

②埋条苗：用苗干或种条，全条横埋于育苗圃地育成的苗木。

③压条苗：把不脱离母体的枝条埋入土中，或在空中包以湿润物，待生根后切离母体而育成的苗木。

④组培苗：利用母体上的组织或细胞在营养液中育成的苗木。

⑤嫁接苗：用嫁接方法育成的苗木。

⑥插根苗：用树木或苗木的根，插入或埋入圃地培育的苗木。

⑦根蘖苗：又叫留根苗，是利用地下的根系萌出新条育成的苗木。

9.3.2 苗木培育途径

（1）**留床苗**。在上年的育苗地继续培育的苗木。

（2）**移植苗**。上述各种苗木，凡在苗圃中把苗木移栽到另一块苗床（地段）继续培育的苗木叫移植苗。

9.3.3 苗木规格术语

（1）独本苗。系地面到冠丛只有一个主干的苗木。

（2）散本苗。系根颈以上分生出数个主干的苗木。

（3）丛生苗。系地下部（根颈以下）生长出数根主干的苗木。

（4）分枝数。系具有分蘖能力的苗木，自地下萌生的干枝数量。

（5）苗木高度。常以"H"表示，单位米，系苗木自地面至最高点之间的垂直距离。

（6）冠丛直径。又称冠径、蓬径，常以"P"表示，单位米，系苗木冠丛的最大幅度和最小幅度之间的平均直径。

（7）胸径。常以"Φ"表示，单位厘米，系苗木自地面至1.20米处的树干直径。

（8）干径。常以'Φ'表示，单位厘米，主要指苗木自地面至1.30米处的树干直径。

（9）地径。常以"d"表示，单位厘米，系苗木自地面至0.20米处的树干直径。

（10）苗龄。通常以"一年生""二年生"等表示，系苗木繁殖、培育年数。

苗木规格的工程应用，应先确定主要标准，再确定辅助标准，凡不符合规格的，可按相应标准降级定价。苗木规格的先后次序排列，排在第一位是主要标准，其次均为辅助标准。

9.3.4 苗木质量指标

苗木质量指标描述通常有两大类，一是对苗木的形态测量，另一是对苗木生理或内在质量的测定。从20世纪80年代以来，各国对苗木质量的研究已从单一形态品质指标逐渐过渡到形态指标和生理指标相互结合的领域，并延伸到分子水平。苗木质量评价也从育苗过程延伸至包括起苗、贮藏、运输、栽植、直到栽植后早期生长的整个过程中。

苗木质量形态指标主要有地径、苗高、高径比、茎根比、根系指标、顶芽状况，以及综合的质量指数等。形态指标用肉眼可观测、用简单仪器可测定，在生产上便于直观控制；况且形态指标与苗木生理生化状况、生物物理状况、活力状况及其他状况等有相关关系，如苗茎有一定的粗度可使苗木直立挺拔，适当的根量可保证向苗木提供水分和养分等。

9.4 栽植步骤措施

为提高栽植质量，栽植前一定要做好技术交底工作，务使专业技术人员掌握要领，栽植工人按种植规范认真进行操作。此外，须及时准备好必要的栽植工具与辅助材料，如整理挖掘树穴用的锹、镐，修剪根冠用的剪、锯，短途转运用的杠、绳，树穴换土用的筐、车，支撑树体的树桩，浇水用的水管、水车，吊装树木用的车辆、设备装置，包裹树体以防蒸腾或防寒的稻草、草绳等以及栽植用土、树穴底肥等，保证迅速有效地完成栽植计划，提高树木栽植成活率。

9.4.1 绿化树木的栽植原理

绿化树木的"栽植"，绝不可以被简单地理解为狭义的"种植"，而是一个系统的、动态的操作过程。在乡村绿化工程中，树木栽植更多地表现为"移植"，必须遵循树体生长发育的规律、选择适宜的栽植树种，掌握适宜的栽植时期、采取适宜的栽植方法，提供相应的栽植条件和管护措施。

（1）适树适栽。根据树种的不同特性采用相应的栽培方法，这是绿化树木栽植中的一个重要原则，要有相关成功的驯化引种试验和成熟的栽培养护技术，方能保证效果。

首先必须了解规划设计树种的生态习性以及对栽植地区生态环境的适应能力，一般绿化树木栽植对立地条件的要求为土质疏松、通气透水，可充分利用栽植地的局部特殊小气候条件满足新引入树种的生长发育要求，突破当地生态环境条件的局限性达到适树适栽的要求。另外，绿化树木栽植不同于一般造林，大多以乔木、灌木、地被树木相结合的群落生态种植模式来表现景观效果，多树种群体配植时应慎重掌握树种的光照适应性，对下木树种的耐阴性选择和喜阳花灌木配植位置的思考就显得极为突出。再有，地下水位过高是影响绿化树木栽植成活率的主要因素，特别是雪松、广玉兰、桃、樱花等对根际积水极为敏感的树种，在栽植时可采用抬高地面或深沟降渍的地形改造措施，并做好防涝引洪的基础工作，以保证栽植成活和正常生长发育。

（2）适时适栽。绿化树木栽植，原则上应根据树木的不同生长特性和栽植地区的特定气候条件，选择适宜的时期进行。一般来说，落叶树种多在秋季落叶后或在春季萌芽前进行，因为此期树体处于休眠状态，生理代谢活动滞缓，水分蒸腾较少且体内贮藏营养丰富，受伤根系易于恢复，移植成活率高。常绿树种栽植，在南方冬暖地区多行秋植或于新梢停止生长期进行，秋旱风大地区宜春植，但在时间上可稍推迟；冬季严寒地区，以新梢萌发前春植为宜，春旱严重地区可行雨季栽植。

①春季栽植：从植物生理活动规律来讲，春季是树体结束休眠开始生长的发育时期，且多数地区土壤水分较充足；我国的植树节定为"3月12日"，虽缘于对孙中山先生的纪念，但其重要的依据仍出于对自然规律的尊重，并照顾到全国的气候分布特点。树木根系的生理复苏在早春即率先开始活动，因此春植符合树木先长根、后发枝叶的物候顺序，有利水分代谢的平衡；特别是在冬季严寒地区或对那些在当地不甚耐寒的次适树种更以春植为妥，以免越冬防寒之劳。山茱萸、木兰、鹅掌楸等具肉质根的树种根系易遭低温伤冻，也以春植为好。春季各项工作繁忙、劳力紧张，要预先根据树种春季萌芽习性和不同栽植地域土壤化冻时期，利用冬闲作好计划安排，并可进行挖穴、施基肥、土壤改良等先期工作，既合理利用劳力又收到熟化土壤的良效。树种萌芽习性以落叶松、银芽柳等最早，柳、桃、梅等次之，榆、槐、栎、枣等较迟；土壤化冻时期与气候因素、立地条件和土壤质地有关。落叶树种春植宜早，土壤一化冻即可开始进行，华北地区的春季栽植多在3月上中旬至4月中下旬，华东地区落叶树种的春季栽植以2月中旬至3月下旬为佳。

②秋季栽植：在冬季气候不禁严寒的南方地区，落叶树种以秋季栽植更相适宜。此期，树体落叶后进入生理性休眠，对水分的需求量减少，而外界的气温还未显著下降，地温也比较高，树体的根部尚未完全休眠，移植时被切断的根系能够尽早愈合并可有新根长出。翌春，这批新根即能迅速生长，有效增进树体的水分吸收功能，有利树体地上部枝芽的生长恢复。华东地区的秋植可延至11月上旬至12月中下旬，而早春开花的树种则应在11月之

前种植；常绿阔叶树和竹类植物应提早至9～10月进行，针叶树虽在春、秋两季都可以栽植，但以秋植为好。华北地区秋植适用于耐寒、耐旱的树种，目前多用大规格苗木进行栽植以增强树体越冬能力。东北和西北北部等冬季严寒地区，秋植宜在树体落叶后至土地封冻前进行；此外，该地区尚有冬季带冻土球移植大树的做法，在加拿大、日本北部等冬寒严重地区亦常用此法栽植，成活率亦较高。

③雨季（夏季）栽植：受印度洋干湿季风影响、有明显旱雨季之分的西南地区，以雨季栽植为好。雨季如果处在高温月份，短期高温、强光易使新植树木水分代谢失调；故要掌握当地的降雨规律和当年的降雨预报，抓住连阴雨的有利时期进行。江南地区亦有利用6月"梅雨"期连续阴雨的气候特点进行夏季栽植的经验，只要注意防涝排水的措施，即可收到事半功倍的效果。

在科技发达的今天，只要采取妥善、确当的保护措施以消除不利因素的影响，绿化树木的栽植终年均可进行并能保证较高的栽植成活率。但现在许多乡村常常采用的"反季节""全天候"栽植做法实不应提倡，因为选择不当的栽植时间必然会增加管护难度和成本投入。

（3）**适法适栽**。绿化树木的栽植方法，依据树种的生长特性、树体的生长发育状态、树木栽植时期以及栽植地点的环境条件等，可分别采用裸根栽植和带土球栽植。

①裸根栽植：此法多用于常绿树小苗及大多落叶树种。裸根栽植的关键在于保护根系的完整性，骨干根不可太长，侧根、须根尽量多带；从掘苗到栽植期间务必保持根部湿润，防止根系失水干枯。根系打浆是常用的保护方式之一，可提高移栽成活率20%以上，浆水配比为：过磷酸钙1千克＋细黄土7.5千克＋水40千克，搅成浆状。为提高移栽成活率，运输过程中可采用湿草覆盖的措施，以防根系风干。

②带土球移植：常绿树种及板栗、薄壳山核桃、七叶树、玉兰等某些裸根栽植难以成活的落叶树种，多行带土球移植；大树移植和生长季栽植亦要求带土球进行，以提高树木移植成活率。如运距较近，可简化土球的包扎方法，只要土球标准大小适度、在搬运过程中不致散裂即可。黄杨类等须根多而密的灌木树种在土球较小时不行包扎也不易散裂，对直径在30厘米以下的小土球可采用束草或塑料布简易包扎，栽植时拆除即可。如使用蒲包包扎的较大土球，栽植时须剪断草绳撤出蒲包物料以使根系与土壤紧密接触，利于水分和无机养分的吸收并促进新根萌发；如用草绳密缚，土球落穴后也以剪断绳缚为宜，以利根系透气恢复生长。

9.4.2 苗木调集准备

一般情况下，树木调集应遵循就近采购的原则，以满足土壤和气候生态条件的相对一致性。树木的调集准备对保证栽植成活率和表达景观设计效果具重要作用，必须实地考察拟调集树木的在圃状况，了解起挖、装运环节的实施条件，统筹考虑价格因素订立切实有效的采购合同。

根据种苗法，树木入境前都必须经当地植检部门检疫许可后方可通行。但限于我国的具体情况，在执行过程中尚有许多不足之处，各地在购进树木时应认真了解产地的主要危险病虫发生情况，不要从疫区引种树木。

9.4.3　苗木起挖装卸

（1）**苗木起挖**。起挖是绿化树木栽植过程中的重要技术环节，也是影响栽植成活率的首要因素，必须认真对待。挖掘前可先将蓬散的树冠捆扎收紧，既可保护树冠，也便于操作。

①裸根起挖：绝大部分落叶树种可行裸根起挖。挖掘沟应离主干稍远一些（不得小于树干胸径的6～8倍），挖掘深度应较根系主要分布区稍深一些，以尽可能多地保留根系，特别是具吸收功能的根系。对规格较大的树木，当挖掘到较粗的骨干根时应用手锯锯断，并保持切口平整，坚决禁止用铁锹硬铲。对有主根的树木，在最后切断时要做到操作干净利落，防止发生主根劈裂。

根系的完整和受损程度是决定挖掘质量的关键。树木的良好有效根系是指由主根、侧根和须根所构成的根系集体。一般情况下，经移植养根的树木挖掘过程中所能携带的有效根系，水平分布幅度通常为主干直径的6～8倍，垂直分布深度为主干直径的4～6倍。绿篱用扦插苗木的挖掘，有效根系的携带量通常为水平幅度20～30厘米、垂直深度15～20厘米。起苗前如天气干燥，应提前2～3天对起苗地灌水，使土质变软便于操作，多带根系；根系充分吸水后，也便于贮运，利于成活。而野生和直播实生树的有效根系分布范围距主干较远，故应在计划挖掘前1～2天挖沟盘根，以培养可挖掘携带的有效根系，提高移栽成活率。树木起出后要注意保持根部湿润，避免因日晒风吹而失水干枯，并做到及时装运、及时种植。运距较远时，根系应打浆保护。

②带土球起挖：一般常绿树、名贵树和花灌木的起挖要带土球，土球直径不小于树干胸径的6～8倍，土球纵径通常为横径的2/3；灌木的土球直径通常为冠幅的1/2～1/3。为防止挖掘时土球松散，如遇干燥天气，可提前1～2天浇透水，以增加土壤的黏结力，便于操作。挖树时先将树木周围无根生长的表层土壤铲去，在应带土球直径的外侧挖一条操作沟，沟深与土球高度相等，沟壁应垂直。挖至规定深度，用锹将土球表面及周边修平，使土球上大下小呈苹果形；主根较深的树种土球呈倒卵形。土球的肩部应圆滑、不留棱角，这样包扎时比较牢固，扎绳不易滑脱。

带土球的树木是否需要包扎，视土球大小、质地松紧及运输距离的远近而定。一般近距离运输土质紧实、土球较小的树木时不必包扎；土球直径在30厘米以上一律要包扎，以确保土球不散。包扎的方法有多种，最简单的是用草绳上下绕缠几圈，称为简易扎或"西瓜皮"包扎法，也可用塑料布或稻草包裹；江南一带包扎土球，一般仅采用草绳直接包扎，只有当土质松软时才加用蒲包、麻袋片包裹。有些地区用双股双轴的土球包扎法，即先用蒲包等软材料把土球包严实，再用草绳固定。

（2）**装卸运输**。苗木挖好后应"随挖、随运、随栽"，即尽量在最短的时间内将其运至目的地栽植。

①树木装卸：树木装运过程中，最重要的是要注意在装、卸车时如何保护好树体，避免因方法不当或贪图方便而带来的损伤，如造成土球破碎、根系失水、枝叶萎蔫、枝干断裂和树皮磨损等现象。装车前要对树冠进行必要的整理，如疏除部分过于展开妨碍运输的枝干、收拢捆扎松散的树冠等。装车时对带土球的树木要将土球稳定（可用松软的草包等物衬垫），以免在运输途中因颠簸而滚动；土质较松散、土球易破损的树木，则不要叠层堆

乡村绿化

Xiangcun lühua

放；树体枝干靠着挡车板的，其间要用草包等软材作衬垫，防止车辆运行中因摇晃而磨损树皮。苗木全部装车后要用绳索绑扎固定，防止运输途中的相互摩擦和意外散落；运距较远的露根苗装车后应用苫布覆盖，以减少树体的水分散发、保持根部湿润，必要时可定时对根部喷水。装卸时一定要做到依次进行、小心轻放，坚决杜绝装卸过程中乱堆乱扔的野蛮作业。

②包装运输：运距较远或有特殊要求的苗木，运输时宜用包装方法有：

卷包运输：适宜规格较小的裸根苗木远途运输时使用。将枝梢向外、根部向内，并互相错行重叠摆放；以蒲包片或草席等为包装材料，用湿润的锯末填充苗木根部空隙，树木卷起捆好后用冷水浸渍卷包，然后启运。使用此法时需注意：卷包内的苗木数量不可过多、叠压不能过实，以免途中卷包内生热；打包时必须捆扎得法，以免在运输中途散包造成苗木损失。卷包打好后，用标签注明树种、数量、以及发运地点和收货单位地址等。

集装箱运输：目前在远距离、大规格裸根苗的运送中，多采用简便而安全的集装箱运输，把待运送的苗木分层放好。为了提高箱内保存湿度的能力，可在箱底铺以塑料薄膜后再铺一层湿锯末，但不可过湿以免发酵生热。

9.4.4　工程定植

定植是根据设计要求对树木进行定位栽植的行为，定植后的树木一般在较长时间内不再被移植。

定植前应对树木进行核对分类，以避免栽植中的混乱出错、影响设计效果。此外，还应对树木进行质量分级，要求根系完整、树体健壮、芽体饱满、皮色光泽，畸形、弱小、伤口过多等质量很差的树木应及时剔出另行处理；远地购入的裸根树木，若因途中失水较多，应解包浸根一昼夜，等根系充分吸水后再行栽植。

（1）**冠根修剪**。树木定植前必须对树冠进行不同程度的修剪，以减少树体水分的散发、维持树势平衡，利于树木成活。

①乔木修剪：对于规格较大的落叶乔木，尤其是杨、柳、槐等生长势较强、容易抽出新枝的树种，可强剪树冠至1/2以上，既可减轻根系负担、维持树体的水分平衡，也可减弱树冠招风、增强树木定植后的稳定性。大的修剪口应平而光滑并及时涂抹防腐剂，以防水分蒸腾、剪口冻伤及病虫危害。具有明显主干的高大落叶乔木，应适当疏枝，对保留的主侧枝可在健壮芽上短截去枝条的1/5～1/3；无明显主干、枝条茂密的落叶乔木，干径10厘米以上者可疏枝保持原树形，干径为5～10厘米的可选留主干上的侧枝进行短截。枝条茂密的常绿乔木可适量疏除原树冠的1/3，同时应摘除部分叶片，但不得伤害幼芽。行道树的定干高度宜大于2.5～3米，第一分枝点以下枝条应全部剪除，分枝点以上枝条酌情疏剪或短截，并应保持树冠原型。

值得指出的是，近年来为了方便运输、提高成活率，各地常采用大树截干的栽植办法，但这不宜普遍运用，更不能提倡。

②花灌木及藤蔓树种的修剪：对上年花芽分化已完成的开花灌木可仅剪除枯枝、病虫枝，对分枝明显、新枝着生花芽的小灌木应顺其树势适当强剪促生新枝，对枝条茂

密的大灌木可适量疏枝，嫁接繁殖的应及时疏除砧木上的萌生枝条。用作绿篱的灌木，可在种植后按设计要求整形修剪；在苗圃内已培育成型的绿篱，种植后应加以整修。攀缘类和藤蔓性树木，可对过长枝蔓进行短截；攀缘上架的树木，可疏除交错枝、横向生长枝。

（2）落穴。定植时将混好肥料的表土取其一半填入坑中、培成丘状，裸根树木放入坑内时务必使根系舒展分布在坑底的土丘上，校正位置使根颈部高于地面5～10厘米（珍贵树种或根系欠完整树木应采取根系喷布生根激素、置放珍珠岩透气袋等措施）；其后将另一半掺肥料的表土分层填入坑内，每填20～30厘米土踏实一次，并同时将树体稍稍上下提动，使根系与土壤密切接触。带土球树木，填土踏实时注意不要损及土球。最后将心土填入植穴，直至填土略高于地表面。

定植后的树体根颈部略高于地表面为宜，切忌因栽植太深而导致根颈部埋入土中，影响树体栽植成活和其后的正常生长发育。雪松、广玉兰等忌水湿树种常行露球种植，露球高度通常为土球竖径的1/3～1/4。草绳或稻草之类易腐烂的土球包扎材料，如果用量较稀少入穴后不一定要解除，用量较多的可在树木定位后剪除一部分，以免其腐烂发热，影响树木根系生长。绿篱成块状群植时，应由中心向外顺序退植；大型块植或不同彩色丛植时，宜分区分块种植；坡式种植时应由上向下种植。

树木定植时，应注意将树冠丰满完好的一面朝向入口处或主行道等主要的观赏方向；若树冠高低不匀，应将低冠面朝向主面、高冠面置于后向，使之有层次感。在行道树等规则式种植时，如树木高矮参差不齐、冠径大小不一，应预先排列种植顺序形成一定的韵律或节奏，以提高观赏效果；如树木主干弯曲，应将弯曲面与行列方向一致以作掩饰。对人员集散较多的广场、人行道，树木种植池应铺设透气护栅。

（3）灌水。农谚说"树木成活在于水，生长快慢在于肥"，定根水是提高树木栽植成活率的主要措施，特别在春旱少雨、蒸腾量大的北方地区尤需注重。紧依种植穴直径外围筑成高10～15厘米的灌水土堰，浇水时应防止因水流过急而冲裸露根系或冲毁围堰。对排水不良的种植穴，可在穴底铺10～15厘米沙砾或铺设渗水管、盲沟，以利排水。新植树木应在当日浇透第一遍水，以后应根据土壤墒情及时补水；黏性土壤宜适量浇水，肉质根系树种浇水量宜少。干旱地区或遇干旱天气时，应增加浇水次数，北方地区种植后浇水不少于三遍；干热风季节，宜在上午10时前和下午3时后，对新萌芽放叶的树冠喷雾补湿。秋季种植的树木，浇足水后可封穴越冬；浇水后如出现土壤沉陷、致使树木倾斜时，应及时扶正、培土。

干旱地区或干旱季节，种植裸根树木应采取增加浇水次数及施用保水剂等措施，针叶树可在树冠喷布聚乙烯树脂等抗蒸腾剂。

（4）树体裹干。常绿乔木和干径较大的落叶乔木定植后需进行裹干，即用草绳、蒲包等具有一定保湿性和保温性的材料，严密包裹主干和比较粗壮的一、二级分枝。裹干处理，一可避免强光直射和干风吹袭，减少干、枝的水分蒸腾；二可保存一定量的水分，使枝干经常保持湿润；三可调节枝干温度，减少夏季高温和冬季低温对枝干的伤害。附加塑料薄膜裹干在树体休眠阶段使用有一定效果，但在树体萌芽前应及时撤除，因为塑料薄膜透气性能差，不利于被包裹枝干的呼吸作用，尤其是高温季节时内部热量难以及时散发会对树

乡村绿化

Xiangcun lühua

体造成伤害。樱花、鸡爪槭等树干皮孔较大而蒸腾量显著的树种以及樟、广玉兰等大多数常绿阔叶树种，定植后枝干包裹强度要大些，以提高栽植成活率。

（5）固定支撑。胸径＞5厘米的树木植后应立支架固定，特别是在栽植季节有大风的地区，以防冠动根摇影响根系恢复生长，但要注意支架不能打在土球或骨干根上。裸根树木栽植常采用标杆式支架：即在树干旁打一杆桩，用绳索将树干缚扎在杆桩上，缚扎位置宜在树高1/3～2/3处，支架与树干间应衬垫软物。带土球树木常采用扁担式支架：即在树木两侧各打入杆桩，上端用一横担缚联，将树干缚扎在横担上完成固定。三角桩或井字桩的固定作用最好，且有一定的装饰效果，在人流量较大的市区绿地中多用；密林栽种或散生竹类栽种，多用联合桩支撑，省时、省材，简便实用。

定植灌水后土壤松软沉降，树体极易发生倾斜倒伏现象，一经发现需立即扶正。扶树时，可先将树体根部背斜一侧的填土挖开，将树体扶正后还土踏实；特别对带土球树体，切不可强推猛拉、来回晃动，以致土球松裂影响树体成活。在下过一场透雨后，对新植树木必须进行一次全面的检查，发现树体已经晃动的应紧土夯实；树盘泥土下沉空缺的应及时覆土填充，防止雨后积水引起烂根。此项工作在树木成活前要经常检查，及时采取措施；对已成活树木，如发现有倾斜歪倒的也要视情扶正。扶正时期以选择树体休眠期进行为宜，若在生长期进行树体扶正，极易因根系断折引发水分代谢失衡，导致树体生长受阻甚至死亡，必须按新植树的要求加强管理措施。

（6）搭架遮阴。绿化苗木在挖掘、运输和定植过程中可能造成对树体的一系列损伤：首先，根部在起挖过程中所受的损伤严重，特别是根系先端具主要吸水功能的须根大量丧失，使得根系不再能满足地上部分枝叶蒸腾所需的大量水分供给；其次，由于根系被挖离原生长地后处于易干燥状态，树体内的水分由茎叶移向根部，当茎叶水分损失超越生理补偿点后，即干枯、脱落，芽亦干缩。

大规格树木移植初期或高温干燥季节栽植，要特别关注树体水分代谢生理活动的平衡，协调树体地上部和地下部的生长发育矛盾，促进根系的再生和树体生理代谢功能的恢复，要搭建荫棚遮阴，以降低树冠温度、减少树体的水分蒸腾。对体量较大的乔、灌木要求全冠遮阴，荫棚上方及四周与树冠保持30～50厘米间距，以保证棚内有一定的空气流动空间，防止树冠日灼危害；遮光度约70%，让树体接受一定的散射光，以保证树体光合作用的进行。对成片栽植的低矮灌木可打地桩拉网遮阴，网高距树木顶部约20厘米。苗木成活后，视生长情况和季节变化，逐步去除遮阴物。

9.4.5　树木假植

树木运到栽种地点后，因受场地、人工、时间等主客观因素而不能及时定植者，则须先行假植，时间一般不超过1个月。假植是树木在定植前的短期保护措施，其目的是保持树木根部活力，维持树体水分代谢平衡。假植的方法是：选择靠近栽植地点、排水良好、阴凉背风处开一条横沟，其深度和宽度可根据树木的高度来决定，一般为40～60厘米。将树木逐株单行挨紧斜排在沟内，树梢向南倾斜30°～45°，然后逐层覆土将根部埋实，掩土完毕后浇水保湿；假植期间须及时给树体补湿，发现积水要及时排除。

假植的裸根树木在种植前如发现根部过干，应浸泡一次泥浆水后再植，以提高成活率。

带土球树木的临时假植，多将树体直立、土球垫稳，周围用土培好；如假植时间较长，同样应注意树冠适量喷水，以增加空气湿度、保持枝叶鲜挺。

土球包扎　　　　　　　　　　起吊装卸　　　落穴定植（珍珠岩透气袋）

井字桩支撑　　　　　　　　三角桩支撑　　　　　　　　联合桩支撑

双层架支撑　　　　　　　　裹干防护　　　　　　　　树冠增湿

搭荫遮阳

9.5　大树移植技术

大树的界定，一般指树体胸径在15厘米以上，或树高在4米以上、树龄在20年左右的树木。大树移植，主要应是乡村建设中因规划需要对现有树木保护性的移植，是绿化树木养护过程中的一项基本作业；新建林地中进行的大树栽植则是在特定时间、特定地点，为满足特定要求所采用的种植方法。大树移植可以起到立竿见影的景观效果，提高绿化树木景观的整体品位，增添审美情趣。随着城镇现代化进程的加快，人们对环境景观效益格外注重，住宅小区、市民广场、河滨大道以及新建旅游度假区都对大树移植提出了更高的要求。

9.5.1　大树移植的原则

为有效利用大树资源、确保移植成功，应充分掌握树种的生物学特性和生态习性，根据不同树种和树体规格制订相应的移植与养护方案，选择在当地有成熟移植技术和成功移植经验的树种，并充分应用现有的先进技术来降低树体水分蒸腾、促进根系萌生、恢复树冠生长，最大限度地提高移植成活率，尽快、尽好地发挥大树移植的生态和景观效果。

（1）**考虑树种成活难易因素**。经验表明：最易成活者有悬铃木、榆、朴树、银杏、臭椿、楝树、槐等，较易成活者有樟、女贞、桂花、厚朴、厚皮香、广玉兰、木兰、七叶树、槭树、榉等，较难成活者有雪松、白皮松、圆柏、侧柏、龙柏、青冈栎等，最难成活者有金钱松等。

（2）**坚持就近选择为先原则**。不同树种的生物学特性各有差异，对土壤、光照、水分和温度等生态因子的要求都不一样，故应根据栽植地的气候条件、土壤类型，以选择乡土树种为主、外来树种为辅；移植地的环境条件能尽量和树种的生物学特性及原生地的环境条件相符，使其在适宜的生长环境中发挥最大优势。从生态学角度而言，为达到乡村林地生态环境的快速形成和长效稳定，应选择无论从形态景观以及移植成活率上都是最佳时期的壮龄树木；一般乔木树种，在树高4米以上、胸径15～25厘米时正处于树体生长发育的旺盛时期，因其环境适应性和树体再生能力强、移植成活率高，移植过程中树体恢复生长需时短、易成景观。

（3）**控制总量使用比例**。由于大树移植能起到突出景观、强化效果，因此要尽可能把大树作为景观的重点、亮点配植在能够产生巨大景观效果的地方，充分突出大树的主体地位；在绿化用地较为紧张的乡村中心区域或乡村标志性景观林地、主要景观走廊等重要地段，适当考虑移植大树以促进绿化树木景观效果的早日形成，具有一定的现实意义。大树移植只能是绿化树木景观建植中的一种辅助手段，乡村林地建设的主体应是采用适当规格的乔木、灌木及地被的合理组合，模拟自然生态群落、增强林地生态效应。大树来源更需严格控制，必须以不破坏森林自然生态为前提，最好从苗圃中采购或从近郊林地中抽稀调整；因乡村建设而需搬迁的大树，应妥善安置、以作备用。

目前我国一度热衷进行的"大树进城"工程，虽其初衷是为了能在短期内形成景观效果，满足人们对新建景观的即时欣赏要求；但由于这种提法在概念上的模糊，容易造成盲目追求、甚至过度依赖大树移植的即时效果，这不仅难以获得满意的景观效果，而且严重地破坏了景观美学的协调性。另外，大树移植的成本高，种植、养护的技术要求也高，对整个地区生态效益的提升却有限；更具危害性的是，目前的大树移植多以牺牲局部地区、特别是经济不发达地区的生态环境为代价，故非特殊需要不宜倡导多用，更不能成为乡村绿化建植中的主要方向；一般而言，大树的移植数量最好控制在绿地树木种植总量的5%～10%。

9.5.2　大树移植技术

大树移植是一项极为细致的系统工程，必须认真对待、精细管理才能收到应有的生态景观效果，切不能重蹈重栽轻养的覆辙，以免浪费钱物、贻误时光。大树移植实施过程中，更应注重对原材供应地的生态环境保护，要杜绝野蛮挖掘、掠夺性开采的恶习，切不可图一时之便、一己之利，而毁了数十年才形成的自然生态、自然景观，以小误大、造成新的环境破坏。要科学利用、以植补挖，落实可持续发展的战略方针，让自然资源更好地为人类服务。

（1）选树。栽培用途不同，所应该考虑的树体形态标准不同。如行道树，应考虑干直、冠大、分枝点高、有良好庇荫效果的冠形，实地中应选取林缘木或孤立木。而用于庭院观赏的树木就应讲究树姿造型，实地中应选取冠形开展的孤立木。处于风口或立地条件相对较差的树木往往树形奇特、别有韵味，也可适地使用。按设计要求的规格选生长良好、姿态优美、适宜移栽的树木后要挂牌标记，并对树体周围的障碍物、交通路线、土质等作详细调查，以制订移植计划。认真勘察和了解树木的立地环境资料是确定后期处理措施的关键依据，也是根据定植地条件合理挑选树木的重要环节。

（2）断根。是提高大树移植成活率的有效途径，特别适用于野生或一些具有较高观赏价值的树木移植。断根一般在移植前1～3年的春季或秋季进行，以树干为中心、按树干胸径3～4倍为半径划圈，沿圈挖宽30～40厘米、深60厘米的沟（遇粗侧根用手锯切断），填入粗质有机肥或疏松、肥沃的土壤，填土完毕后定期浇水，1～2个月便会长出许多须根。断根应分年、分段进行：第一年将一半根系切断、填土养根，第二年将另一半根系切断、填土养护；以免一次断根损伤太大，使树木生长受影响或出现死亡现象。分二年断根时，通常在第一年春季选择树木的东、西方位挖沟断根，秋季再以同样的方法挖掘南、北两面。

（3）土球。为了使移植树的生理活动少受影响，应尽可能多地保存根系。一般土球直径以树木胸径的8～10倍为标准，土球高度为其直径的2/3；深根树种可适量加大。以树干为中心按比土球半径大5～10厘米划线，挖掘。因土球大而重，在远距离运输时须采用精包装，即除用草绳在土球上中部扎20厘米左右的腰箍外，球体表面全部用草绳紧密排列绕缠。在短距离运输时，可采用半精包装，即球体表面缠绕草绳之间的距离在3～5厘米。

（4）**修剪**。强度因树种、树体而异，萌芽力强、树龄大、规格大、叶幕密的应多剪。从修剪程度看，可分为全株式、截枝式和截干式三种。全株式原则上保留枝干树冠，只将徒长枝、交叉枝、病虫枝及过密枝疏除，适用于雪松等萌芽力弱的树种。截枝式只保留树冠的一、二级分枝，截去部分延长枝梢，适用于广玉兰等生长速率和萌芽力中等的树种。截干式修剪，将整个树冠截去只留一定高度的主干，只适宜悬铃木、槐、女贞等生长快、萌芽力强的树种；由于主干截口损伤较大易引起病变腐朽，应将截口用蜡或沥青封涂，并用塑料薄膜包裹。

（5）**缚枝、裹干**。为便于运输，装车前通常还要对树身进行缚枝、裹干。对松柏类等分枝较矮，树冠松散的树木，用绳索将树冠围拢拉紧；从基部开始分枝的树干，可用草绳一端扎缚于盘干基部，然后按自下而上顺序将枝条围拢扎紧。缚枝时应注意不要折断枝干，以免破坏树姿、影响观赏效果，对常绿树种更应特别关照。裹干通常在定植后进行，高度一般至一级分枝处，珍稀濒危树种可裹至二级分枝处，裹干材料一般用草绳或束草，正在流行的亚麻布裹扎更洁净、美观。

9.5.3　提高大树移植成活率的措施

大树移植面临的困难主要表现在以下方面。首先，树龄大、树体阶段发育程度深、细胞再生能力下降，挖掘和移植过程中损伤的根系恢复慢，新根发生能力较弱。其次，树木根系扩张范围不仅远超过主枝的伸展范围、而且入土很深，使有效吸收根系处于冠缘投影圈以外；挖掘带根的幅度通常只能为树木胸径的8～10倍，在此范围内的细小吸收根量很少，而粗大骨干根多木栓化严重、再生能力很差。第三，大树的体量较大，移植后枝、叶的蒸腾强度远远超过根系的吸收能力，树木易脱水死亡。为了提高大树移植的成活率，在移植时应尽量保证在携带的根幅内有足够的吸收根；并采用修剪手段对树冠进行疏、截，以减少枝叶量，降低水分蒸腾量。

（1）**移植时间**。严格说来，如果掘起的大树带有较大的土球、根系损伤轻微，如果在移植过程中严格执行操作规程、移植后又注意保养，那么在任何时间都可以移植大树。"种树无时，毋使树知"，在实际中，大树移植的最佳时间：落叶树种为落叶至早春发芽前半个月内。此期树体处于休眠期，其生理活动缓慢甚至于停滞状态；但树木根系处于侧根和须根的形成发展期，此时移植有利于根系的恢复，可为来年的生长做好准备。常绿树种的耐寒性较低，故宜在晚春新叶萌发前后进行为宜。竹类移植，除出笋及冬季严寒期间外基本都可以进行，但以农历五月十三日（俗称"竹醉日"）后半月内为最佳，移栽成活率最高。

（2）**土球保护**。在吊装和运输过程中，关键是保护好土球，不致松散破碎。吊装时应事先准备好3～3.5厘米粗的钢丝绳或尼龙带，以及蒲包片和木板等；起吊时绳索一端拴在土球的腰下部，另一端系于树木主干中下部，使大部重量落在土球一端。为防止吊绳嵌入土球切断草绳而造成土球破损，在土球与绳索间插入宽20厘米、长50～100厘米的厚木板。装车时：土球向前、树冠向后吊入车厢，土球两旁衬垫木块以稳定树体不予滚动，树干与厢板接触部用软材衬垫以防损伤树皮，树身用绳索与车箱扎牢，树冠束缚以免与地面拖触。

（3）挖穴栽植。栽植穴直径比土球直径大30～40厘米、比土球高度深20～30厘米。如栽植地的土质不合要求，还应加大穴径。在栽植穴底部施入基肥。吊装入穴时应使树身直立，缓慢放入。雪松等不耐水湿的树种宜采用浅穴栽植，即将土球高度的4/5入穴，然后堆土成丘状；浅穴栽植的根系透气性好，有利于根系伤口的愈合和新根的发生，可显著提高移植成活率。树体入穴时应掌握好树干阴阳面，尽量保持其在原生长地的方位，可能时还应考虑将冠形丰满、树干光滑平直的一面朝向主要观赏视线；草绳等土球包装材料应割断、剪碎，以免影响根系生长发育。ABT生根粉的使用，可有利于树木在移植和养护过程中损伤根系的快速恢复，提高移植成活率达90%以上；掘树时，对直径大于3厘米的短根伤口喷涂ABT-1生根粉150毫克/升，以促进伤口愈合；修根时，若遇土球掉土过多，可用拌有生根粉的黄泥浆涂刷。填土时要注意保护土球紧实完好、不能松动；定位后用竹、木支撑稳定树体，支柱基部应埋入土中30厘米以上。将主干和近主干的一级主枝用草绳紧密缠绕，以减少树体水分蒸腾，也可预防日灼和冻害发生。栽植完毕，在树穴外缘筑高30厘米的土埂围堰，一次性浇透水。

（4）减蒸保湿。修剪可有效减少枝叶水分蒸腾，应在保持原有树形的基础上，根据树种特性适当修剪：如对香樟可修剪去1/2～2/3的枝叶，对广玉兰、银杏亦要修剪去1/3左右的枝叶，常绿针叶树要疏剪1/2～1/3的枝叶。修剪口直径在3厘米以上时，应用调和漆或水柏油等防腐剂涂抹，防止伤口感染、腐烂。遮阳网的应用简便有效，值得推广。树冠喷水时雾滴要细，叶片湿润即可；喷水时间不宜过长，以免水分过多淋落土中，造成土壤过湿而影响根系的呼吸；雨水过多时应挖小沟排水。水分管理应持续至树木确实成活后才能转入正常养护。

第10章
乡村绿化的养护管理

绿化树木栽植，有"三分栽种，七分管养"之说。树木定植后及时到位的养护管理，对提高栽植成活率、恢复树体的生长发育、及早表现景观生态效益具重要意义。为促使新植树木健康成长，必须改变"种不种在我，活不活在它"的放养型模式。养护管理工作应根据树木生长特性、栽植地环境条件以及人力、物力、财力情况等妥善安排，探索长效的管护机制。如：开发农民绿色生态管护岗位，不仅破解了乡村绿化管护难题，还实现了生态增效和农民增收的互动双赢。

10.1 土壤养分管理

绿化树木的养分管理即科学施肥，是改善树木营养状况、提高土壤肥力的积极措施。树木为根深、体大的多年生木本植物，生长发育需要的养分量也大，多年后会造成土壤营养元素的贫乏。俗话说"地凭肥养，苗凭肥长"，树木生长过程中需要的多种营养元素，由根系不断从土壤中选择性吸收，只有通过正确的科学施肥来不断补充土壤养分，才能确保树木健康生长。施肥可促进新植树木地下部根系的生长恢复和地上部枝叶的萌发生长，有计划地合理追施一些有机肥料，更是改良土壤结构、提高土壤有机质含量、增进土壤肥力的最有效措施。

10.1.1 科学施肥的依据

树木种类不同，习性各异，需肥特性有别。例如泡桐、杨、重阳木、樟、桂花、茉莉、月季、山茶等生长速度快、生长量大的种类，就比柏木、马尾松、油松、小叶黄杨等慢生、耐瘠树种需肥量要大。此外，随着树木生长中心期的转移，需肥种类也不尽相同：在抽枝展叶的营养生长阶段，特别是观叶、观形树种，对氮素的需求量大；而生殖生长阶段，尤其是观花、观果树种，则以磷、钾及微量元素为主。

土壤条件又与肥效直接相关。土壤水分缺乏时施肥有害无利，因肥分浓度过高易造成树体不能吸收利用而遭毒害；积水或多雨时又容易使养分淋洗流失，降低肥料利用率。土壤酸碱度直接影响营养元素的溶解度，如铁、硼、锌、铜等元素在酸性条件下易溶解，有效性高，当土壤呈中性或碱性时有效性降低；而钼元素则相反，其有效性随土壤碱性提高而增强。气温也是影响施肥的主要气候因子。低温一方面减慢土壤养分的转化，另一方面削弱树木对养分的吸收功能。磷是受低温抑制最大的一种元素。雨量多寡同样影响土壤营养元素的释放、淋失及固定。干旱常导致发生缺硼、钾及鳞，多雨则容易促发缺镁。

10.1.2　科学施肥的种类

肥料性质不但影响施肥的时期、方法、施肥量，而且还关系到土壤的理化性状。碳酸氢铵、过磷酸钙等易流失挥发的速效性肥料，宜在树木需肥期稍前施入；而有机肥等迟效性肥料，须待其腐熟分解后才能被树木吸收利用，故应提前施入。氮肥在土壤中移动性强，即使浅施也能渗透到根系分布层内，供树木吸收利用；磷、钾肥移动性差，故宜深施，尤其磷肥需施在根系分布层内，才有利于根系吸收。化肥施肥用量应本着宜淡不宜浓的原则，以免烧伤树木根系。生产中提倡复合配方施肥，以扬长避短，优势互补。

有机肥是指含有丰富有机质的一类肥料，常用的有粪尿肥、堆沤肥、饼肥、绿肥、腐殖酸类肥等，其中绝大部分可由农家就地取材、自行积制。因其有机质含量高，养分种类多，故有完全肥料之称。有机肥既能促进树木生长，又能保水保肥，而且其养分大多为有机态，供肥时效较长。但有机肥的氮素含量较低、肥效慢，一般以基肥形式施用，并在施用前必须采取堆积方式使之腐熟，其目的是为了释放养分，提高肥料质量及肥效，避免肥料在土壤中腐熟时产生某些对树木根系不利的影响。

无机肥又名矿质肥，是指用化学工业方法制成的肥料，其养分形态为无机盐或化合物。无机肥按植物生长所需要的营养元素种类，可分为氮肥、磷肥、钾肥、钙肥、镁肥、硫肥、微量元素肥、复合肥等。商品性化肥多为其化合物及其混合产品，如硝酸铵、硫酸钾、磷酸二氢钾、尿素等。化肥大多属于速效性肥料，供肥快，能及时满足树木生长需要，一般以追肥形式使用。化肥具有矿质养分含量高、施用量少的优点，但养分种类比较单一、肥效不能持久，而且容易挥发、淋失或发生强烈的固定，降低肥料的利用率。所以，栽培上不宜长期、单一施用化肥，必须贯彻化肥与有机肥配合施用的方针，以免对树木、土壤产生不利的影响。

微生物肥也称生物肥、菌肥等。确切地说，微生物肥是菌而不是肥，因为它本身并不含有树木生长需要的营养元素，而是通过大量微生物的生命活动来改善土壤的营养条件。依据生产菌株的种类和性能，生产上使用的微生物肥有根瘤菌肥、固氮菌肥、磷细菌肥及复合微生物肥等几大类。使用微生物肥时需注意：一是使用时要具备一定的条件，才能确保菌种的生命活力和菌肥的功效。如强光照射、高温、接触农药等，都有可能会杀死微生物；又如固氮菌肥，要在土壤通气条件好、水分充足、有机质含量稍高的条件下，才能保证细菌的生长和繁殖。二是微生物肥一般不宜单施，一定要与化肥、有机肥配合施用，才能充分发挥其应有作用，因为微生物生长、繁殖也需要一定的营养物质。

如酵素菌用于堆制有机肥，可有效缩短堆制时间，并可有效提高堆制质量。夏季上堆后6～12小时，堆温即可升至50～60℃，可比对照（不加酵素菌的自然堆肥，下同）提前3～5天进入高温发酵阶段。春、秋季上堆后2～4天，堆温升至50～60℃，可比对照提前7～15天进入高温发酵阶段。在自然堆肥无法进行的冬季，通过采用保温措施和酵素菌增强发酵技术，可照样生效。与自然堆肥方式相比，在水分、通气、酸碱度、碳氮比等堆肥腐化所需条件相同的情况下，采用酵素菌技术堆肥的高温发酵阶段持续时间长，腐熟过程要缩短1/2以上，且堆肥质量稳定，养分保存丰富，腐熟完全，病原菌虫卵和杂草种子数存留量低。使用剂量为1吨堆料（菜籽饼、秸秆等）添加酵素菌3～5千克。使用前先将堆料补足水分（手握成团，松掌散开），然后均匀撒入菌剂、上堆，每3～4天翻堆一次，夏秋季20～30天即可充分发酵、腐熟。使用秸秆堆肥时，每吨堆料中需加入100～200千克粪肥或5～10千克尿素，以调节碳氮比。采用酵素菌技术处理粪便，在含水量45%～65%条件下沤制，使用剂量为每吨沤料添加1～2千克酵素菌，使用时直接将菌剂加入，每天搅拌一次，夏秋季2～10天即可腐熟，达到除臭、无害化的要求。

10.1.3 科学施肥的方法

新植树的基肥补给应在树体确定成活后进行，施用的有机肥料必须充分腐熟并用水稀释后才可使用；用量一次不可太多，以免烧伤新根。基肥多采用土壤沟施的方法，根据根系分布特点将肥料施在吸收根集中分布区附近：水平分布范围，多数与树木的冠幅大小相一致；垂直分布范围，以20厘米深的表土层内为主。具体的施肥深度与树种、土壤、肥料种类和树龄等有关：深根性树种，沙地、坡地，基肥以及移动性差的肥料等，施用时宜深不宜浅；随着树龄增加，施肥时要逐年加深，并扩大施肥范围，以满足树木根系不断扩张的需要。

树木移植初期，根系处于恢复生长阶段，吸肥能力低，宜采用根外追肥：可采用叶面喷施易吸收的有机液肥补给营养，或将尿素、硫酸铵、磷酸二氢钾等速效性肥料配制成0.5%～1%的肥液，选清晨、傍晚或阴天进行叶面喷洒，一般半个月左右喷一次，有利光合作用进行。根外追肥主要采用叶面喷施的方法，将按一定浓度要求配制好的肥料溶液用机械的方法直接喷雾到树木叶面上，通过气孔和角质层吸收后转移运输到树体各部器官。叶面施肥具有用肥量小、吸收见效快的优点，一般植物叶片8小时后可吸收60%的叶面肥，在早春树木根系恢复吸收功能前，在缺水季节或缺水地区以及不便土壤施肥的地方，均可采用；该法还特别适于微量元素的施用，以及对树体高大、根系吸收能力衰竭的古树施用。叶面施肥的最适温度为18～25℃，空气湿度大些效果更好，因而夏季最好在上午10时以前或下午4时以后施用。叶面施肥在生产上常与病虫害防治结合进行，喷布前需做小型浓度试验，确定不能引起药害后方可大面积喷布；在没有足够把握的情况下，宁淡勿浓。

10.1.4 科学施肥的用量

营养元素对树木的生长发育有重大影响：施肥过多，树木不能吸收，既造成肥料的浪费，还有可能使树木遭受肥害；肥料用量不足，又不能满足树木生长的需肥要求，树木生理病害中有很大一部分是由于缺乏某种营养元素造成的。缺氮会使新叶呈淡绿色、老叶发黄，顶梢新叶变小、叶片易脱落，枝茎徒长细弱、分蘖少，根系发育不良。氮肥过量会使叶部细胞肥大、细胞壁变薄，细茎在短期内出现徒长。缺磷会影响有机物质在体内的运输，导致细胞的形成受阻：叶片卷曲、细黄，植株矮小，幼芽和根系生长受到抑制；补磷应在初夏进行，施以砸碎发酵过的猪骨、鱼骨、淘米水等，或施过磷酸钙补充。磷肥过量会使呼吸作用加强，引起锌、铁、镁等元素的缺失。缺钾会影响光合作用的强度及碳水化合物、蛋白质等的代谢合成，以致茎干纤弱易倒伏，耐寒力减弱；严重时叶片皱缩、叶缘枯焦。施用草木灰、硫酸钾、氯化钾等，可有效补钾。钾肥过量会造成植株节间缩短，生长低矮，叶片变黄皱缩，甚至枯萎死亡。缺钙会使树木根系发育不良，顶芽受害、茎叶软弱，叶缘向上卷曲枯焦、呈现白色条纹；补钙可用熟石灰料，每平方米施用37克左右。钙素过量会妨碍钾的吸收，导致树木生长不正常，甚至停止生长。

对施肥量含义的全面理解，应包括各种营养元素的比例、一次性施肥的用量和浓度、全年施肥的次数等量化指标。科学施肥量的控制，受树种习性、树龄、树体、物候期，以及土壤、气候条件和肥料种类、施肥时间与方法、管理技术等诸多因素影响，难以制定统一的施肥量标准。关于施肥量指标有许多不同的观点，根据树干的直径来确定施肥量较为科学可行，在我国有以树木每厘米胸径施肥0.5千克的标准作为计算依据的，如胸径3厘米的树木可施入1.5千克完全肥料。化肥的施用浓度，根外施肥时一般不宜超过1%～3%，进行叶面施肥时宜为0.1%～0.3%；微量元素的施用浓度应更低。近年来，生产上已开始应用计算机技术、营养诊断技术等先进手段，在对土壤肥力及植株营养状况等综合分析判断的基础上，计算出最佳的施肥量，使科学施肥、经济用肥发展到了一个全新阶段。

10.2　科学水分管理

绿化树木定植后的水分管理是保证栽植成活率的关键。新移植树木的根系吸水功能减弱，日常养护中水分管理的根本目的是保持根际适当的土壤湿度。土壤含水量过大会抑制根系的呼吸，对发根不利，严重的会导致烂根死亡。因此，一方面要严格控制土壤浇水量，第一次浇透定植水后应视天气情况、土壤质地谨慎浇水；另一方面，要防止树池积水，定植时留下的围堰在第一次浇透水后即应填平或略高于周围地面，以防下雨或浇水时积水，在地势低洼易积水处要开排水沟，保证雨天能及时排水。再有，要保持适宜的地下水位高度（一般要求-1.5米以下），地下水位较高处要做网沟排水，汛期水位上涨时可在根系外围挖深井或用水泵将地下水排至场外，严防淹根。

新植树木，为解决根系吸水功能尚未恢复而地上部枝叶水分蒸腾量大的矛盾，在适量根系水分补给的同时，还应采取叶面补湿的喷水措施。5～6月气温升高，树体水分蒸腾加剧，必须充分满足对水分的需要。7～8月天气炎热干燥，根系吸收的水分通过叶面的气孔、树干的皮孔不断向空气中蒸腾大量水分，必须及时对干冠喷水保湿：喷水要求细而均匀，喷及树冠各部位和周围空间，为树体提供湿润的小气候环境，束草枝干也应注意喷水保湿。可采用高大水枪喷雾，喷雾要细、次数可多、水量要小，以免滞留土壤，造成根际积水；或将供水管道安装在树冠上方，根据树冠大小安装若干个细孔喷头进行喷雾，效果较好。

10.3　主要病虫防治

10.3.1　方法途径

病虫危害是造成树体衰亡、景观丧失的重要因素，养护管理中必须根据其发生发展规律和危害程度，及时、有效地加以防治；特别是对于病虫危害严重的单株，更应高度重视，采取果断措施，以免蔓延。修剪下来的病虫残枝应集中处置，不要随意丢弃，以免造成再度传播污染。

（1）**涂干包扎法**。是目前行之有效的防虫措施，即把内吸性药剂涂抹在树体的主干或主枝上，随树体生长向枝梢和叶片输送药液，以起到防治虫害的作用；或是利用害虫定时上下树（如松毛虫冬天下树、春天上树，舞毒蛾白天下树、夜间上树）的特性，使药剂通过害虫足部敏感区进入虫体内，将其杀死。

①适用范围：涂干法防治不受树高、天气、地形、地势的影响，而且用药量少，不污染环境，可减少人力物力的投入；要选用乐果、氧化乐果、硫菌灵、多菌灵等内吸性强的药剂，浓度可按叶面喷洒浓度浓缩100倍使用。适用于蚜虫、介壳虫、螨类、锈壁虱、天牛、吉丁虫等食叶、吸汁、蛀干害虫和褐斑病、炭疽病、烟煤病等病害的防治。

②实施方法：在树干适宜操作部位，刮去一圈宽度为该处树干直径1/5左右的粗皮，涂上药剂包扎即可；或用脱脂棉浸蘸药剂贴在刮皮处，外用塑料薄膜包扎，以后还可按需加注药液。刮皮不得刮至形成层，达到防效后及时拆除包扎。用药时间从春季树液流动至冬季树木休眠前均可进行，但以4～9月效果较好；一般药液在树体内每天可向上移动1米左右，故其用药时间应比常规喷药提前数天为好。

③防治效果：在使用农药原液进行刮皮涂干时，一定要考虑树木对农药的敏感性以免树体产生药害，最好先行试验后再实际使用。

介壳虫：虫体膨大但尚未硬化或产卵时，在树干距地面40厘米处刮去一圈宽5～10厘米的老皮直至露白为止，将40%的氧化乐果乳剂稀释2～6倍涂抹刮皮处，随即用塑料膜包好，涂药10天后杀虫率可达100%。

二星叶蝉：成、若虫发生期（8月），在葡萄主干分枝处以下剥去翘皮，均匀涂抹40%氧化乐果原液或5～10倍稀释液形成药环；药环宽度为树干直径的1.5～2倍，涂药量以不流药液为宜。涂好后用塑料膜包严，4天后防效可达100%，有效期在50天以上。

桃多毛小蠹：成虫羽化初期，用废机油、白涂剂等涂抹树干和大枝，可有效防止成虫蛀孔为害并可兼治桑白蚧。

蚜虫：发生初期用40%氧化乐果乳油7份加3份水配成药液，在树干上涂5厘米宽的环；如树皮粗糙可先将翘皮刮去再涂药，涂后用废纸或塑料膜包好，对苹果绵蚜的防治效果很好。

（2）**打针注射法**。将药剂直接滴注进树体，这是国外在20世纪80年代前后出现的技术，同样能产生很好的防治效果，不仅能有效除灭裸露性害虫，同时也使那些钻在树干里、躲在树叶里的害虫无处可逃。我国在这方面的应用日趋普遍，如由西北农林科技大学研制的"自流式树干注药器"，可方便地应用于树体注射。

①技术特点：药器合一、无水施药，操作简便快捷、效率高，并且不污染环境。同时，它不受气候和地理环境的影响，可广泛应用于乡村绿化、旅游风景区绿化、防护林带的病虫害和营养缺素症的防治，尤其对常规方法难以防治的天牛、木蠹蛾、竹象虫、松梢螟、柳瘿蚊、栗剪枝象甲等蛀干性害虫和蚜虫、介壳虫、竹螟等吮吸性害虫及刺蛾、樟巢螟等卷叶性害虫具有很好的防治效果。

②操作方法：先用木工钻与树干呈45°夹角打孔，孔深6厘米左右，打孔部位在离地

面10～20厘米位置，然后用注药器插入树干将药液慢慢注入，让药液随树体内液流到达干、枝、叶部，使树木整体带药，从而起到消灭害虫的作用。树干表面有虫孔的，用注射器向虫孔注药。如防治天牛，虫孔中淌出鲜屑说明有幼虫存在，可在每个虫孔中注射40%氧化乐果5～10倍液，用烂泥封口以免药液挥发掉，防效可达98%以上。树干表面看不到虫孔的，用钻孔器在树干基部四周向下倾斜呈45°打孔3～5个，然后用滴管或注射器将内吸性药液缓缓注入即可。注药后1周左右害虫即大量死亡，打孔伤口2个月左右即可痊愈。

（3）根部埋药法。

①直接埋药：在距树0.5～1.5米的外围开环状沟或挖穴2～3个，施入3%的呋喃丹：1～3年树150克、4～6年树250克、7年以上树500克，即可明显控制叶部害虫，药效可持续约2个月。

②根埋药瓶：将40%乐果乳油或25%杀虫双水剂5倍液装入瓶内，在树干根基外围地面适当位置挖土让树根暴露出来，选择不超过香烟粗的树根剪断根梢，把原根插进药瓶（注意根端要插至瓶底），然后用塑膜封好瓶口埋入土中。通过树根直接吸药，药液很快随导管输送到树体，可有效防治害虫。

10.3.2 药害防止

药害是指因用药不当对绿化树木造成的伤害，有急性药害和慢性药害之分。急性药害指的是用药几小时或几天内，叶片很快出现斑点、失绿、黄化等；根系发育不良或形成黑根、鸡爪根等。慢性药害是指用药后，药害现象出现相对缓慢，如植株矮化、生长发育受阻、开花结果延迟等。

（1）发生原因。

①药剂种类选择不当：如波尔多液含铜离子浓度较高，对幼嫩组织易产生药害。

②部分树种对某些农药品种过敏：有些树种性质特殊，即使在正常使用情况下也易产生药害，如碧桃、寿桃、樱花等对敌敌畏敏感，桃、梅类对乐果敏感，桃、李类对波尔多液敏感等。

③在树体敏感期用药：各种树木的开花期是对农药最敏感的时期之一，用药要慎重。

④高温易产生药害：温度高时树体吸收药剂较快，药剂随水分蒸腾很快在叶尖、叶缘集中，导致局部浓度过大而产生药害。

⑤浓度过高或用量过大：因病虫害抗性增强等原因而随意加大用药浓度、剂量，易产生药害。

（2）防治措施。

①用药方式：如根施或叶喷的不同，分别采用清水冲根或叶面淋洗的办法，去除残留药剂，减轻药害。

②加强肥水：使树体尽快恢复健康，消除或减轻药害造成的影响。

10.3.3 石硫合剂的使用

石硫合剂是石灰硫黄合剂的简称，是由生石灰、硫黄加水熬制而成的一种深棕红色透明液体，主要成分是多硫化钙（CaS$_x$）。具有强烈的臭鸡蛋气味，呈强碱性，性质不很稳定，遇酸易分解，一般来说不耐长期贮存。

石硫合剂作为一种既能杀菌，又能杀虫、杀螨的无机硫制剂，有较强的渗透和侵蚀病菌细胞壁和害虫体壁的能力，可直接杀死病菌和害虫。其药液喷洒到植物表面后，在氧气、二氧化碳和水的作用下形成细小的硫黄沉淀，释放出少量硫化氢，达到灭菌、杀虫和保护植物的目的；可有效防治红蜘蛛、介壳虫等，且对锈病、白粉病、黑痘病、炭疽病、腐烂病及溃疡病多种病害有兼治作用。

石硫合剂对人、畜毒性中等，对植物安全可靠，无残留，不污染环境，病虫不易产生抗性，是园艺、绿化等不可或缺的无公害药物。

（1）石硫合剂的熬制。

①原液的熬制：常用的配料比是优质生石灰∶细硫黄粉∶水=1∶2∶10。先将规定用水量在生铁锅中烧热至烫手（水温40～50℃），立即把生石灰投入热水锅内，石灰遇水发生化学反应放热生成石灰浆。然后把事先用少量温水调成糊状的硫黄粉慢慢倒入石灰浆锅中，边倒边搅，边煮边搅，使之充分混匀；记下水位线，随时补充熬制过程中蒸发的水分（熬毕前5分钟不再加水）。用大火加热熬制，煮沸后开始计时，保持沸腾40～60分钟，待锅中药液由黄白色逐渐变为红褐色，再变为深棕红色时立即停火。熬制好的原浆冷却后，用双层纱布滤除渣滓，滤液即为石硫合剂原（母）液。原液呈强碱性，腐蚀金属，宜倒入带釉的缸中保存。熬制过程中应注意以下问题：

熬煮容器：一定要用生铁锅，不可用铜锅或铝锅，锅要足够大。

原料质量：由于原料质量和熬制条件的不同，原液浓度和质量常有较大的差异。熬制石硫合剂首先要抓好原料质量环节，尤以生石灰质量好坏对原液质量影响最大。所用的生石灰一定要选用新烧制的，洁白、手感轻、块状、无杂质的，不可采用杂质过多的生石灰及粉末状的消石灰。硫黄粉的色泽要黄，颗粒要细，市售硫黄粉基本能满足要求，块状硫黄要加工成硫黄粉后使用。

熬煮火候：要大火猛攻且火力均匀，一气熬成。要注意掌握好火候，时间过长有损有效成分（多硫化钙），时间过短同样降低药效。

质量鉴定：熬制好的药液呈深棕红色透明，有臭鸡蛋气味，渣滓黄带绿色。若原料上乘且熬制技法得当，一般可达到21～28波美度。

② 波美度（°Bè）测定：波美度是用波美计来测量的，度数越高表明含有的有效成分越多。波美计是比重计的一种，属于玻璃浮计，由法国人波美（Baumè）始创，故波美度又记作"°Bè"。

如无波美计，一个简单而又准确的方法是代入公式：

$$石硫合剂原液的波美浓度（°Bè）=（瓶硫重-瓶水重）×115$$

瓶水重：取一干净透明的玻璃瓶装入0.5千克清水，称量瓶子和清水总重量，记为"瓶水重"。

瓶硫重：将装水的瓶子直立放在水平桌面上，在水平面处划一横线，标记装入0.5千克清水的液面高度；接着把瓶内清水倒净甩干，再装入与0.5千克清水同体积的石硫合剂原液，也就是使其液面高度与装0.5千克清水时所作的横线标记相同。这时再称量瓶子和石硫合剂原液的总重量，记为"瓶硫重"。

③ 加水稀释：加水稀释原液，是生产实践中经常遇到的事情，可按下面公式计算：

1千克原液加水量（千克）＝（原液波美浓度－使用波美浓度）/使用波美浓度

例如：石硫合剂原液浓度为20波美度，欲稀释成0.5波美度使用，则加水倍数为（20－0.5）/0.5=39。也就是说，1千克原液应加水39千克。

（2）科学使用事项。

①使用注意事项：

一是石硫合剂为碱性农药，不可与有机磷农药及其他忌碱农药混用，否则会因酸碱中和而降低药效。有人认为，波尔多液也属碱性农药，可以把它与石硫合剂混合施用，此法也不妥；因两者混合后有化学反应发生，非但会使药效降低，还容易导致药害。即便是前后间隔施用，也要留有足够的时间间隔：先喷石硫合剂的，要间隔10～15天才能喷布波尔多液；先喷波尔多液的，也要间隔20天以上方可喷布石硫合剂。此外，也不可把石硫合剂与其他铜制剂农药混用，不能与松脂合剂、肥皂和棉油皂等混用。施用石硫合剂后的喷雾器必须充分洗涤，以免腐蚀损坏部件。

二是石硫合剂不耐贮存。忌配制后久置不用，熬制好的最好一次用完。必须贮存时，最好用窄口容器密封盛装，同时加少量煤油展散在药液表层以避免因与空气接触而分解和降低药效；使用前应摇晃容器或搅动药液，让药液均匀混合。

三是选择适宜的用药树种。一般而言，石硫合剂可以在苹果、梨、葡萄等树种上安全使用；在苹果花期喷布石硫合剂有一定的疏花疏果作用，特别是在国光苹果盛花期喷布时的效果尤为明显。但桃、李等即属于对石硫合剂相对敏感者，盲目使用会产生药害。例如在李树上喷布，会抑制花芽分化，造成次年减产。

四是掌握适宜的喷布方法。用药浓度和季节密切相关：冬季气温低，树木处于休眠阶段，使用浓度可高些，一般可用3～5波美度；夏季气温高，树体处于生长阶段，则只能用0.3～0.5波美度的石硫合剂。夏季气温在32℃以上、早春气温在4℃以下，皆不宜施用石硫合剂。另外，在浓度适宜的情况下，在苹果生长季节中喷布虽不会发生药害，但也易于在果面形成污斑，降低果品外观品质。此外，果实着色后切不可使用石硫合剂，否则会引起大量落果。再有，在发生红蜘蛛的苹果园中，当叶片受害已相当严重时也不宜再喷布石硫合剂，以免引起叶片加速干枯、脱落。

五是石硫合剂应与其他农药交替使用。长期使用石硫合剂会使病虫产生抗药性，使用浓度愈高，抗性形成愈快。

②市售晶体石硫合剂的使用：随着科技的发展和进步，现在市面上常可见到晶体石硫合剂出售，虽说价格和成本要高一些，但也着实给应用者带来了极大的方便。对于市售晶体石硫合剂，使用时可按产品说明书要求配制即可。现就45％晶体石硫合剂在果木上的用法简介于下。

梨：萌芽初期喷布100～150倍液，可防治叶螨、黑斑病、黑星病和锈壁虱等。

桃：萌芽初期喷布100～150倍液，可防治缩叶病和黑星病等。

柿：4～5月喷布350倍液，可防治黑星病和白粉病等。

杏：在适宜时期喷布适宜浓度（稀释倍数）的45％晶体石硫合剂药液，可有效防治杏炭疽病、杏干腐病、杏细菌性穿孔病、杏流胶病以及杏球坚蚧等。

葡萄：休眠期喷200倍液，可防治叶螨等。

③石硫合剂的中毒症状与应急措施：石硫合剂对人眼和皮肤有强烈的腐蚀性，因此使用时切勿让药液触及皮肤或眼睛，以免造成蚀伤。如皮肤不慎沾染药液时，应立即用自来水彻底清洗。

10.4 古树名木保护

古树名木是人类社会历史发展的佐证，是一种独特的生态历史和自然景观，其本身就具有极高的人文与景观价值。充分评价和利用古树名木的种质资源，可融绿地树种的生态环境调节效应和文化景观欣赏功能于一体，对展示乡村历史的文化渊源和底蕴，凸现人居环境的生态魅力和氛围，具有特殊的人文价值和科学的建植启示。

10.4.1 古树名木的身份界定

古树名木，《中国农业百科全书》释意为：树龄在百年以上的大树，具有历史、文化、科学或社会意义的木本植物。建设部（2000年9月重新颁布）的分级标准是：树龄在一百年以上的树木为古树，国内外稀有的、具有历史价值和纪念意义以及重要科研价值的树木为名木。凡树龄在300年以上，或者特别珍贵稀有、具有重要历史价值和纪念意义的古树名木，为一级古树名木；其余为二级古树名木。国家环保总局的界定指标为：树龄在百年以上的大树即为古树，而那些树种稀有、名贵或具有历史价值、纪念意义的树木则可称为名木。并有更为具体的进一步说明：胸径（距地面1.2米处的树干直径）在60厘米以上的柏树类、白皮松、七叶树，胸径在70厘米以上的油松，胸径在100厘米以上的银杏、国槐、楸树、榆树等，且树龄在300年以上，定为一级古树；胸径分别对应在30厘米、40厘米和50厘米以上，树龄在100年以上、300年以下，定为二级古树。稀有名贵树木，指树龄20年以上或胸径在25厘米以上的各类珍稀引进树种，外国友人赠送的礼品树、友谊树以及有纪念意义的树木；其中国家元首亲自种植的定为一级保护名木，其他定为二级保护名木。

10.4.2 古树名木的珍贵历史价值

古树名木是自然与人类历史文化的宝贵遗产，是悠久历史和灿烂文化的佐证，如传说中的周柏、秦松、汉槐、隋梅、唐杏（银杏）、宋柳等古珍瑰宝，虽历尽沧桑、饱经风霜、上下几千年，依然风姿绰约、魅力不减。我国现存的古树名木，多与历代帝王、名士紧密相联，留下许多脍炙人口的精彩诗篇文赋、流传百世的精美泼墨画作，成为中华文化宝库中的艺术珍品。《江苏省乡村古树名木汇编》（江苏省建设厅，2005）载：江苏省共有古树名木5 265株；其中昆山市的1 700年银杏为年龄最长的树王，南京市的树王为植于东南大学的1 500年圆柏（又名六朝松），无锡市的树王为植于江阴顾山镇的1 400年红豆树，扬州市的树王为为植于广陵区文昌中路的1 200年银杏。随着社会文明的不断提高，古树名木已成为发展旅游、览胜文化的不可再生的重要生态景观元素，如：江苏扬州驼岭巷古槐道院旧址的1 200年槐树，相传为唐代卢生"黄粱一梦"的梦枕之物，极富传奇色彩、极具警示意义；虽片干残枝、苍虬向天，却老树新枝、绿荫一隅，现被政府有关部门围栏立碑，是历史文化名城解读工程的重要场所。

10.4.3　古树名木是重要旅游资源

　　1982年全国城市绿化工作会议通过的《关于加强城市和风景名胜区古树名木保护管理的意见》指出："我国的古树名木很多，尤其生长在一些历史名城和风景旅游区内的古树名木，不仅是大自然留给我们的宝贵财富，而且饱经沧桑，是历史的见证，活的文物，对于文化科学研究和开展旅游游览事业都有重要意义。"乡村绿化建设同样要注重历史文化遗存与传统集景文化的集成，充分反映地域的历史文脉和景观特色；古树名木苍劲挺拔、风姿绰约，与现代建设文明融为一体后可成为地域文化旅游景观的重要组成部分，其独有的生态价值景观更为突出。如：江阴顾山镇的古红豆、泰州溱潼镇的古山茶，作为古树景观中的瑰宝，吸引众多游客流连驻足。

建亭

病虫防治（药带）

树洞填充

饰皮补损

铁箍固干  建筑支撑

建档挂牌 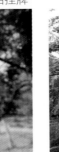 立柱支撑

10.5　高新技术应用

　　如何提高新移植树木特别是大树、古树的移栽成活率，一直是绿化工作者的科研方向。近年来推荐使用的高新技术发挥了积极有效的作用。

10.5.1　植物抗蒸腾保护剂

　　高分子化合物抗蒸腾防护剂，喷施后能在叶片表面形成一层具有透气性的可降解薄膜，在一定程度上降低枝叶的蒸腾速率，减少树体的水分散失，有效地提高树木移栽成活率。据北京市在悬铃木、雪松、黄杨、油松等树种上的应用，树体复壮时间明显加快，效果显著。

　　（1）植物抗蒸腾剂。北京市园林科学研究院研制的植物抗蒸腾剂是一种高分子化合物，喷施于树冠枝叶，能在其表面形成一层具有透气性、可降解的薄膜，在一定程度上降低树冠蒸腾速率，减少因叶面过分蒸腾而引起的枝叶萎蔫，可有效缓解高温季节栽植施工过程中出现的树体失水和叶片灼伤。新移栽树木，在根系受到损伤、不能正常吸水情况下，喷施植物抗蒸腾剂可有效减少地上部的水分散失，显著提高移栽成活率，还能起到抗菌防病的作用。北京市园林科学研究院先后多次在大叶黄杨等树种上进行了喷施试验，结果表明树体落叶期较对照晚15～20天且落叶数量少，在一定程度上增强了观赏效果；在其后的推广试验中，对新移栽的悬铃木、雪松、油松喷施后，树体复壮时间明显加快。

（2）**抗蒸腾防护剂**。主要功能是在树体枝干和叶面表层形成保护膜，有效提高树体抵抗不良气候影响的能力、减少水分蒸腾以及风蚀造成的枝叶损伤。北京裕德隆科技发展有限公司与清华大学生态科学工程研究所研制的抗蒸腾防护剂，在自然条件下缓释期为10～15天，形成的固化膜不仅能有效抑制枝叶表层水分蒸发而提高植株的抗旱能力，还能有效抑制有害菌群的繁殖。据介绍，该产品形成的防护膜在无雨条件下有效期限为60天，遇大雨后可以自行降解。抗蒸腾防护剂有干剂和液剂两种，液体制剂可用喷雾器喷施，如果与杀虫剂、农药、肥料、营养剂一起使用则效果更佳。

10.5.2　土壤保水剂

保水剂是一类高吸水性树脂，能吸收自身重量100～250倍的水，并可以反复释放和吸收水分，在西北等地抗旱栽植效果优良。空气湿润的南方为保水剂完全发挥作用带来了可能，表土水分蒸发量小，降雨间隔不会太长久，中、小雨频率高，应用效果更为显著。年均降水量900毫米以上的地区，施用保水剂后基本不用浇水。丘陵山区的雨水不易留存，配合传统节水措施适当增大保水剂拌土比例也十分有效。实践证明，拌土施用保水剂可节水50%、节肥30%。

早在20世纪60年代初，人们就开始将吸水聚合物用于农业和园艺，但早期产品常带有毒副作用，试用结果不理想。80年代初，安全无毒、效果显著、有效期长的新一代吸水聚合物开发面世。目前使用的保水剂大致有两类：一类是由纯吸水聚合物组成的产品，如美国的"田里沃"；另一类是复合型保水剂，如比利时的 Terra Cottem（简称TC），具有节水、节肥、降低管理费用、提高绿化质量的优点，其主要作用在于促进树体根部吸收水分和营养，强壮根系。

保水剂的应用，主要为聚丙乙烯酰胺和淀粉混合物，拌土使用的大多选择0.5～3毫米粒径的剂型，可节水50%～70%；只要不翻土、水质不是特别差，保水剂寿命可超过4年。保水剂的使用，除具有显著的保墒效果，还提高土壤的通透性，另外可节肥30%以上，尤适用于北方干旱地区使用。使用时，以有效根层干土中加入0.1%拌匀，再浇透水；或让保水剂吸足水成饱和凝胶（2.5小时吸足），以10%～15%比例加入与土拌匀。在北方地区拌土使用时，一般在树冠垂直位置挖2～4个长1.2米、宽0.5米、深0.6米的坑，分三层放入、夯实并铺上干草，用量根据树木规格和品种而定，一般为150～300克／株。

10.5.3　树体输液方法采用

输液主要是输入微量的植物生长激素和磷钾矿质元素。每千克水中可溶入ABT5号生根粉0.1克，以激发细胞原生质体的活力，促进生根；每千克水中溶入磷酸二氢钾0.5克，可促进树体生活力的恢复。采用树干注射器输液时，需钻输液孔1～2个。用木工钻在树体的基部钻洞孔数个，孔向朝下与树干呈30°夹角、深至髓心为度。洞孔的数量和孔径的大小应和树体大小以及输液插头的直径相匹配。挂瓶输液时，需钻输液孔洞2～4个。输液洞孔的水平分布要均匀，纵向错开、不宜处于同一垂直线方向。当树体抽梢后即可停止输液并涂浆封死孔口。有冰冻的天气不宜输液，以免树体受冻害。

参 考 文 献

陈有民, 1990. 园林树木学 [M]. 北京: 中国林业出版社.

董保华, 等, 1996. 汉拉英花卉及观赏树木名称 [M]. 北京: 中国农业出版社.

何小弟, 2005. 彩色树种选择与应用集锦 [M]. 北京: 中国农业出版社.

何小弟, 冯文祥, 许超, 2008. 园林树木景观建植与赏析 [M]. 北京: 中国农业出版社.

何小弟, 徐永星, 2015. 花果园林树木选择与应用 [M]. 北京: 中国建筑工业出版社.

吴泽民, 何小弟, 2009. 园林树木栽培学 [M]. 2 版. 北京: 中国农业出版社.

图书在版编目（CIP）数据

乡村绿化/黄利斌，何小弟，张辉编著．—北京：
中国农业出版社，2016.6
ISBN 978-7-109-21753-9

Ⅰ．①乡…　Ⅱ．①黄…②何…③张…　Ⅲ．①乡村绿
化　Ⅳ．①S731.7

中国版本图书馆CIP数据核字（2016）第124871号

中国农业出版社出版
（北京市朝阳区麦子店街18号楼）
（邮政编码 100125）
责任编辑　石飞华

北京中科印刷有限公司印刷　　新华书店北京发行所发行
2016年6月第1版　　2016年6月北京第1次印刷

开本：787mm×1092mm　1/16　　印张：9.25
字数：220千字
定价：80.00元
（凡本版图书出现印刷、装订错误，请向出版社发行部调换）